Baghdad Krour

Couplage masse-rigidité dans le recalage de modèles éléments finis

Baghdad Krour

Couplage masse-rigidité dans le recalage de modèles éléments finis

Presses Académiques Francophones

Impressum / Mentions légales
Bibliografische Information der Deutschen Nationalbibliothek: Die Deutsche Nationalbibliothek verzeichnet diese Publikation in der Deutschen Nationalbibliografie; detaillierte bibliografische Daten sind im Internet über http://dnb.d-nb.de abrufbar.
Alle in diesem Buch genannten Marken und Produktnamen unterliegen warenzeichen-, marken- oder patentrechtlichem Schutz bzw. sind Warenzeichen oder eingetragene Warenzeichen der jeweiligen Inhaber. Die Wiedergabe von Marken, Produktnamen, Gebrauchsnamen, Handelsnamen, Warenbezeichnungen u.s.w. in diesem Werk berechtigt auch ohne besondere Kennzeichnung nicht zu der Annahme, dass solche Namen im Sinne der Warenzeichen- und Markenschutzgesetzgebung als frei zu betrachten wären und daher von jedermann benutzt werden dürften.

Information bibliographique publiée par la Deutsche Nationalbibliothek: La Deutsche Nationalbibliothek inscrit cette publication à la Deutsche Nationalbibliografie; des données bibliographiques détaillées sont disponibles sur internet à l'adresse http://dnb.d-nb.de.
Toutes marques et noms de produits mentionnés dans ce livre demeurent sous la protection des marques, des marques déposées et des brevets, et sont des marques ou des marques déposées de leurs détenteurs respectifs. L'utilisation des marques, noms de produits, noms communs, noms commerciaux, descriptions de produits, etc, même sans qu'ils soient mentionnés de façon particulière dans ce livre ne signifie en aucune façon que ces noms peuvent être utilisés sans restriction à l'égard de la législation pour la protection des marques et des marques déposées et pourraient donc être utilisés par quiconque.

Coverbild / Photo de couverture: www.ingimage.com

Verlag / Editeur:
Presses Académiques Francophones
ist ein Imprint der / est une marque déposée de
OmniScriptum GmbH & Co. KG
Heinrich-Böcking-Str. 6-8, 66121 Saarbrücken, Deutschland / Allemagne
Email: info@presses-academiques.com

Herstellung: siehe letzte Seite /
Impression: voir la dernière page
ISBN: 978-3-8381-4835-9

Copyright / Droit d'auteur © 2014 OmniScriptum GmbH & Co. KG
Alle Rechte vorbehalten. / Tous droits réservés. Saarbrücken 2014

REMERCIEMENTS

Ce mémoire constitue l'aboutissement d'un travail de prés de deux ans au cours des quels j'ai reçu l'aide de plusieurs personnes que je tiens tant à remercier.

Je remercie en premier mon encadreur **M. Nedjar Djamel**, professeur à l'université des sciences et de la technologie d'Oran en Algérie, grâce à qui j'ai pu accomplir ce travail et mettre le doigt sur un domaine de recherche scientifique qui m'était complètement étranger.

J'adresse aussi mes remerciements à tous les enseignants qui ont contribué à ma formation en graduation et en poste graduation et qui m'on permis d'arriver jusqu'à finir ce travail.

Un grand remerciement à mes parents, mon frère, et mes sœurs en particulier ma sœur Nadia qui m'a beaucoup aider pour la saisie de ce mémoire.

mes remerciements s'adresse aussi à la maison d'édition **"Presses académiques francophones"** qui a concrétisé la publication de ce mémoire.

BAGHDAD KROUR

Avant-Propos

Ce mémoire est le fruit d'un travail effectuée pendant deux ans en vue d'obtenir le diplôme de Magister, qui est un diplôme d'initiation à la recherche scientifique dédié aux ingénieurs souhaitant s'inscrire en doctorat.

Ce travail a été effectué à l'université des sciences et de la technologie d'Oran en Algérie sous la direction du professeur ***M. Nedjar Djamel*** dont la réputation dans le domaine de la recherche scientifique n'est plus à démontrer et à qui je rends un très grand hommage.

Par ailleurs ce travail s'est basé essentiellement sur les travaux de thèse de doctorat de ***M. Nedjar Djamel*** ainsi qu'en inspiration de travaux scientifiques de chercheurs œuvrant dans le domaine du recalage des modèle éléments finis.

Cette contribution met l'accent sur l'aspect théorique du recalage des modèle éléments finis en se basant sur l'erreur en relation de comportement et propose un implémentation informatique du problème du recalage.

BAGHDAD KROUR

TABLE DES MATIÈRES

	Page
Remerciements	1
Avant propos	2
Table Des Matières	3
Liste des notations	5
Résume	7
Abstract	8
Introduction	9

CHAPITRE I : TRAVAUX DE RECALAGE

I.1. Introduction	11
I.2. Méthode basée sur la matrice de sensibilité	117
I.3. Méthode basée sur l'utilisation des modes propres mesurés et les submatrices	15
I.4. Méthode Basée sur la Mesure de la Matrice de flexibilité	19
I.5. Méthode basée sur la technique du calcul dynamique inverse	21

CHAPITRE II : LA MÉTHODE DE RECALAGE UTILISÉE

II.1. Introduction	23
II.2. Résultats d'essais vibratoires	25
II.3. Mesure de l'erreur en relation de comportement	26
II.4. Mesure de l'erreur en relation de comportement pour de modélisations par éléments finis	28
II.5. Méthode de correction associée à la méthode de localisation	29
II.6. Étape de localisation	31
II.7. Étape de correction	34

CHAPITRE III : IMPLEMENTATION INFORMATIQUE DE LA MÉTHODE

III.1. Introduction……………………………………………….............……….	42
III.2. Définition de MATLAB………………………………………………….	42
III.3. Structure du programme de recalage……………………………………...	43
III.4. Fonction de chaque fichier………......…………………………………….	45
III.4.1. Le fichier DONNE………….......………………………………...…….	45
III.4.2. Le fichier CARAC…………...……..…………........………….	45
III.4.3. Le fichier ASSEMB………………..………………………….	46
III.4.4. Le fichier C.L…….........……..………………………….	47
III.4.5. Le fichier VALPROP………………………………………..	47
III.4.6. Le fichier CONDENSATION…..………….........………….	47
III.4.7. Le fichier LOCALISATION……...……………………….	50
III.4.8. Le fichier CORRECTION…………….…….........………..	51
III.4.9. Le fichier MISAJOUR………….…………….........………..	43

CHAPITRE IV : VALIDATION DE LA MÉTHODE

IV.1. Introduction………………………………………………………………	54
IV.2. Poutre console à section carrée………………………………………..	54
IV.3. Poutre console à treillis………………………………………..........	80
IV.4. Interprétations et commentaires………………………………….......	85
Conclusions et Perspectives………………………….........………........	86
Références...………	88

NOTATION

NOTATION EN MAJUSCULE

K_0 : Matrice de rigidité du modèle initial.
M_0 : Matrice masse du modèle initial.
K : Matrice de rigidité du modèle éléments finis.
M : Matrice de masse du modèle éléments finis.
K_{exp} : Matrice de rigidité du modèle expérimental.
M_{exp} : Matrice masse du modèle expérimental.
K_r : Matrice de rigidité réduite aux seuls degrés de liberté mesurés.
C_i : Matrice à coefficients constants déduits des matrices de rigidité élémentaires.
D_i : Matrice à coefficients constants déduits des matrices de masse élémentaires.
$\underline{Id}$: Matrice identité.
U : Champs de déplacement du deuxième membre du problème dynamique discrétisé.
V : Champs de déplacement du premier membre du problème dynamique discrétisé.
$\underline{\underline{U}}$: Champs de déplacement solution du problème dynamique discrétisé.
$\underline{\underline{V}}$: Champs de déplacement solution du problème dynamique discrétisé.
Tr : Trace d'une matrice.
P : Paramètre de conception.
$E^2{}_k$: Erreurs globale modifiée.

NOTATION EN MINISCULE

a :   Vecteur contenant les composantes de U dans Φ.
b :   Vecteur contenant les composantes de V dans Φ.
i :   Indice utilisé pour les valeurs calculées.
k :   Indice utilisé pour les valeurs expérimentales.
m :   Nombre de mode ou fréquences propres calculés.
q :   Nombre de mode et fréquences propres mesurés.
r :   Scalaire exprimant la confiance accordée à la qualité des formes expérimentales.

NOTATION EN ALPHA GREC

ΔK :   Matrice représentant la correction à apporter à la matrice de rigidité.
ΔM :   Matrice représentant la correction à apporter à la matrice de masse.
Φ :   Matrice modale.
$\tilde{\Phi}$:   Matrice des vecteurs propres ne tenant compte que des degrés de liberté mesurés.
k_0 :   Opérateur de Hooke
ρ_0 :   Masse volumique.
ε :   Tenseur de déformation.
σ :   Champs de contraintes.
Ω :   Domaine définissant la structure.
$\underline{\lambda}$:   Valeur propre expérimentale.
ΠU :   Une partie de la forme calculée.
$\underline{\Pi U}$:   Une partie de la forme mesurée.
λ :   Valeur propre calculée.
∂ :   Dérivée partielle d'un fonction.

RÉSUME

L'objet de ce travail est de mettre en évidence la méthode de recalage basée sur la mesure de l'erreur en relation de comportement. Il s'agit d'introduire des erreurs couplées en masse et en rigidité dans le recalage de modèles éléments finis à partir de résultats d'essais vibratoires.

La méthode de recalage développée dans ce travail se base essentiellement sur deux étapes :

L'étape de localisation qui permet de détecter les régions erronées, par conséquent de réduire le nombre d'éléments à corriger.

L'étape de correction qui consiste à corriger ces zones mal modélisées en se basant sur la minimisation d'une fonctionnelle. La correction se portera en même temps sur les erreurs en masse et en rigidité.

En l'absence d'essais de vibration, une simulation numérique est utilisée pour effectuer le dialogue calcul-expérience. Il s'agit d'un modèle éléments finis pour lequel sont définies des matrices de rigidité et de masse différentes de celles du modèle à corriger.

La validation apportée dans ce travail réside dans le programme de calcul mis au point pour pouvoir tester la méthode. Le langage utilisé pour l'établissement du programme est MATLAB qui est un outil à la fois puissant et convivial pour effectuer ce genre de calcul.

Mots clé :

Recalage, Erreur en relation de comportement, Essais vibratoires, Matrice de rigidité, Matrice masse, Modèle élément finis, Fréquences propres, Modes propres, Condensation, Localisation, Correction.

ABSTRACT

The main of this work is to highlight the method of updating based on the measure of the error in relation of behaviour. It is a question of introducing coupled errors in mass and stiffness into the updating finite elements models starting from vibratory test results.

The updating method developed in this work is based primarily on two steps:

The step of localization which makes possible to detect the erroneous zones, consequently to reduce the number of elements to be corrected.

The step of correction which consists in correcting these zones badly modelled while being based on the minimization of a functional. The model will be corrected on the mass and stiffness errors at the same time.

In the absence of tests of vibration, a numerical simulation is used to carry out the calculation-experience dialogue. It is about a finite elements model for which stiffness and mass matrices are defined different from those of the model to be updated.

The contribution brought in this work lies in the calculation program developed to be able to test the validity of the method. The language used for the establishment of the program is MATLAB which is a tool at the same time strong and convivial to carry out this kind of calculation.

Key words:

Updating, Error in relation of behaviour, Tests vibratory, stiffness Matrix, mass matrix, finite element model, Eigen frequencies, Eigen Modes, Condensation, Localisation, Correction.

INTRODUCTION

Dans le souci de prédire les comportements statiques et dynamiques d'une structure à projeter, la modélisation par éléments finis s'avère être un moyen intéressant pour aboutir à cette fin.

Mais ces modèles décrivant les propriétés des masses et des raideurs sont souvent sujet à des difficultés de représentation notamment au niveau des jonctions entre sous structures ainsi que la non prise en compte des amortissements internes lors d'une analyse dynamique de la structure.

Ces défauts de modélisation font que le modèle élément finis s'éloigne de la réalité, d'où l'intérêt de rapprocher les résultats expérimentaux des résultats obtenus à partir d'un modèle. Cette opération est appelée « **Recalage** ».

Les informations disponibles sont donc d'origine expérimentale, par conséquent bruitées, de plus elles sont collectées en nombre finis. Le modèle lui même procédant d'une idéalisation de la réalité physique repose sur des hypothèses simplificatrices, donc sources d'incertitudes d'autant que certains paramètres (caractéristiques élastiques des matériaux par exemple) ne sont connus que de manière expérimentale. Si bien que l'on est confronté à un problème typiquement mal posé.

Pour les structures complexes, la difficulté essentielle est qu'il n'est pas possible de corriger directement tous les paramètres du modèle. L'approche la plus raisonnable consiste tout d'abord à localiser les régions ou les éléments mal modélisés, la correction portera uniquement sur ces zones erronées. La méthode de recalage est alors un processus itératif localisation–correction arrêté lorsqu'on a atteint la précision souhaitée fixée par l'utilisateur.

La méthode décrite dans ce travail, se base sur l'étape de localisation en mesurant l'erreur en relation de comportement, cette erreur est obtenue en faisant usage des résultats d'essais vibratoires.

A défaut de moyens matériels pour réaliser les essais vibratoires, le recours à la simulation s'impose. Ce travail consiste alors à réaliser le dialogue calcul–expérience, en se servant d'une simulation adéquate couronnée par un programme informatique qui permettra de tester la méthode de recalage sur certains types de structure.

Ce mémoire s'articule en quatre chapitres :

- ➤ Le premier chapitre fait état des travaux effectués dans le domaine de recalage des modèles. Une partie seulement des méthodes d'ajustement de modèles est présentée dans ce chapitre.
- ➤ Le deuxième chapitre rappelle la méthode de recalage basée sur la mesure de l'erreur en relation de comportement tout en développant ses deux étapes localisation et correction. Il est aussi question dans ce chapitre de mettre en évidence le couplage d'erreurs masse-rigidité.
- ➤ Le troisième chapitre s'intéresse à l'implémentation informatique de la méthode en détaillant les différentes étapes de programmation.
- ➤ Le chapitre quatre porte sur la qualification de la méthode de recalage en procédant au test de deux structures différentes.
- ➤ Enfin, une conclusion sur le travail effectué est dressée tout en citons les perspectives dans le domaine de recalage de modèles éléments finis.

CHAPITRE I

TRAVAUX DE RECALAGE

I.1. Introduction :

Dans le souci de prédire le comportement des structures sous diverses sollicitations, la modélisation s'avère un des moyens de cette prédiction. Toutefois il est nécessaire de dire que la modélisation peut donner des résultats approximatifs ou complètement erronés d'où l'intérêt de développer des méthodes qui permettent de recaler les modèles selon les sollicitations requises.

En effet – et dans la perspective de mieux prédire le comportement des structures sous multiples sollicitations – plusieurs méthodes sont proposées dont on citera quelques une de celles qui traitent les problèmes des structures en vibrations libres son amortissement.

I.2. Méthode basée sur la matrice de sensibilité :

Cette méthode est basée sur l'obtention d'un système d'équations établissant une relation entre les paramètres de conception du modèle analytique (élément finis) et la différence entre les résultats mesurés à partir d'essais vibratoires et ceux obtenus d'un calcul analytique.

Cette relation s'écrit comme suit [9] :

$$[\bar{S}] \{\Delta P\} = \{\Delta \xi\} \tag{I.1}$$

où :

$[\bar{S}]$ est appelée matrice de sensibilité.

$\{\Delta P\}$ est le vecteur contenant les paramètres de conception.

$\{\Delta \xi\}$ est le vecteur qui contient la différence entre les données expérimentales et les résultats calculés (fréquences propres et modes propres).

Développement de la méthode :

Pour mieux comprendre l'origine des matrices de l'équation (I.1) il est nécessaire d'exposer les différentes étapes permettant d'y arriver :

Partant d'un système en vibrations libres sans amortissement.

Pour le système analytique (élément finis), nous pouvons écrire l'équation d'équilibre suivante :

$$[K_a]\{\Phi_a\}_r - (\lambda_a)_r [M_a]\{\Phi_a\}_r = \{0\} \tag{I.2}$$

Avec :

$[K_a]$: matrice de rigidité de la structure obtenue à partir du modèle éléments finis.

$[M_a]$: matrice de masse du modèle élément finis.

$\{\Phi_a\}_r$: le $r^{ème}$ vecteur propre obtenu à partir d'un calcul au valeurs propres du modèle éléments finis.

$(\lambda_a)_r$: la $r^{ème}$ valeur propre du modèle éléments finis.

L'indice (a) est utilisé dans l'article pour exprimer les données analytique.

Il est possible de réécrire l'équation (I.2) en utilisant les résultats d'essais de vibration et les matrices d'erreurs $[\Delta K]$ et $[\Delta M]$.

$$([K_a] + [\Delta K])\{\Phi_x\}_r - (\lambda_x)_r ([M_a] + [\Delta M])\{\Phi_x\}_r = \{0\}$$
$$\tag{I.3}$$

Où :

$[\Delta K]$ et $[\Delta M]$ sont respectivement les matrices d'erreurs en rigidité et en masse.

$\{\Phi_x\}_r$ et $(\lambda_x)_r$ sont respectivement les $i^{ème}$ vecteur et valeur propres obtenu à partir d'essais vibratoires.

En prémultipliant l'équation (I.3) par $\{\Phi_a\}_r$, nous obtenons :

$(\lambda_x)_r\{\Phi_a\}_r^t[M_a]\{\Phi_x\}_r - \{\Phi_a\}_r^t[K_a]\{\Phi_x\}_r = \{\Phi_a\}_r^t[\Delta K]\{\Phi_x\}_r - (\lambda_x)_r\{\Phi_a\}_r^t[\Delta M]\{\Phi_x\}_r$

(I.4)

En procédant à la normalisation des vecteurs propres par rapport à la matrice masse $[M_a]$ et en remplaçant : $\{\Phi_x\}_r$ par $\{\Phi_a\}_r + \{\Delta\Phi\}_r$ et $(\lambda_a)_r + (\lambda_x)_r = (\Delta\lambda)_r$

CHAPITRE I　　　　　　　　　　　　　　　　　*TRAVAUX DE RECALAGE*

Le premier membre de l'équation (I.4) devient :

$(\lambda_x)_r \{\Phi_a\}^t_r [M_a]\{\Phi_x\}_r - \{\Phi_a\}^t_r[K_a]\{\Phi_x\}_r = (\lambda_x)_r - (\lambda_a)_r + (\Delta\lambda_r)\{\Phi_a\}^t_r[M_a]\{\Delta\Phi\}_r$

(I.5)

Nous pouvons aussi écrire en revenant à l'équation (I.4) et en utilisant l'équation (I.5) :

$(\lambda_x)_r - (\lambda_a)_r = \{\Phi_a\}^t_r[\Delta K]\{\Phi_x\}_r - (\lambda_x)_r\{\Phi_a\}^t_r[\Delta M]\{\Phi_x\}_r - \Delta\lambda_r\{\Phi_a\}^t_r[M_a]\{\Delta\Phi\}_r$

(I.6)

En négligeant les termes d'ordre supérieur nous obtenons :

$$(\lambda_x)_r - (\lambda_a)_r = \{\Phi_a\}^t_r [\Delta K] \{\Phi_x\}_r - (\lambda_x)_r \{\Phi_a\}^t_r [\Delta M] \{\Phi_x\}_r \qquad (I.7)$$

Il est possible de réécrire cette équation sous une autre forme en faisant intervenir les paramètres de conception P_k soit donc :

$$\frac{\partial \lambda_r}{\partial P_k} = \{\Phi_a\}^t_r \frac{\partial [K]}{\partial P_k}\{\Phi_x\}_r - (\lambda_x)_r \{\Phi_a\}^t_r \frac{\partial [M]}{\partial P_k}\{\Phi_x\}_r \qquad (I.8)$$

Dans le passage de l'équation (I.7) à (I.8), il a été considéré que la matrice de masse et de rigidité sont des fonctions linéaires de P_k, ce qui permet d'écrire les matrices d'erreurs $[\Delta K]$ et $[\Delta M]$ comme suit :

$$\Delta M = \sum_{k=1}^{Ne} \Delta P_k \left[M_k^{(e)}\right] \quad , \quad \Delta K = \sum_{k=1}^{Ne} \Delta P_{Ne+k} \left[K_k^{(e)}\right] \qquad (I.9)$$

Où N_e est le nombre d'éléments du modèle élément finis.

$[M_k^{(e)}]$ et $[K_k^{(e)}]$ sont respectivement les matrices élémentaires de masse et de rigidité. En utilisant les équations de départ et en procédant à quelques transformations mathématiques, il est possible d'écrire la matrice de sensibilité en terme de vecteur propres.

$$\frac{\partial \{\Phi\}_r}{\partial P_k} = \{S_a\}_r = \sum_{i=1}^{N} \frac{\{\Phi_a\}_i \{\Phi_a\}^t_i}{(\lambda_x)_r - (\lambda_a)_i} \left[\frac{\partial [K]}{\partial P_k} - (\lambda_a)_r \frac{\partial (M)}{\partial P_k}\right]\{\Phi_a\}_r - \frac{1}{2}\{\Phi_a\}_r \{\Phi_a\}^t_r \frac{\partial [M]}{\partial P_k}\{\Phi_a\}_r \qquad (I.10)$$

Où N est le nombre d'éléments.

Il est visible que les équations (I.8) et (I.10) contiennent des informations sur le modèle analytique et la structure expérimentale, ce qui permet un meilleur recalage.

CHAPITRE I   TRAVAUX DE RECALAGE

Toutefois, il est possible d'avoir des modes propres expérimentaux incomplets ou en d'autres termes quelques degrés de liberté non mesurés.

Néanmoins, nous pouvons les remplacer par les degrés de liberté calculés correspondant ou procéder à une interpolation, ce qui peut affecter le processus de recalage.

Une fois les cœfficients de la matrice de sensibilité calculés il est maintenant possible de procéder au recalage du modèle éléments finis en établissant la relation entre cette matrice et les paramètres de conception.

$$\begin{bmatrix} \dfrac{\partial \{\Phi\}_1}{\partial P_1} & \dfrac{\partial \{\Phi\}_1}{\partial P_2} & \cdots & \dfrac{\partial \{\Phi\}_1}{\partial P_l} \\ \dfrac{\partial \bar{\lambda}_1}{\partial P_1} & \dfrac{\partial \bar{\lambda}_1}{\partial P_2} & \cdots & \dfrac{\partial \bar{\lambda}_1}{\partial P_2} \\ \cdot & & \cdots & \\ \cdot & & \cdots & \\ \cdot & & \cdots & \\ \dfrac{\partial \{\Phi\}_m}{\partial P_1} & \dfrac{\partial \{\Phi\}_m}{\partial P_2} & \cdots & \dfrac{\partial \{\Phi\}_m}{\partial P_2} \\ \dfrac{\partial \bar{\lambda}_m}{\partial P_1} & \dfrac{\partial \bar{\lambda}_m}{\partial P_2} & \cdots & \dfrac{\partial \bar{\lambda}_m}{\partial P_2} \end{bmatrix} \begin{Bmatrix} \Delta P_1 \\ \Delta P_2 \\ \cdot \\ \cdot \\ \cdot \\ \cdot \\ \Delta P_L \end{Bmatrix} = \begin{Bmatrix} \{\tilde{\Phi}_x\}_1 - \{\tilde{\Phi}_a\}_1 \\ \{\lambda_x\}_1 - \{\lambda_a\}_1 \\ \cdot \\ \cdot \\ \cdot \\ \{\tilde{\Phi}_x\}_m - \{\tilde{\Phi}_a\}_m \\ \{\lambda_x\}_m - \{\lambda_a\}_m \end{Bmatrix} \qquad (I.11)$$

$$[\bar{S}] \qquad \{\Delta P\} = \{\Delta \xi\}$$

où m est le nombre de mode mesurés.

Une fois les ΔP calculés, les matrices d'erreurs en masse et en rigidité peuvent être déterminées et le recalage du modèle éléments finis peut se faire en calculant les nouvelles matrices de rigidité et de masse :

$$K = K_0 + \Delta k \quad \text{et} \quad M = M_0 + \Delta M \qquad (I.12)$$

I.3. Méthode basée sur l'utilisation des modes propres mesurés et les submatrices :

La méthode des submatrices **[10]** est destinée à corriger les matrices des masses et de rigidité analytiques en ajoutant des matrices dites submatrices affectées de coefficients qui feront l'objet d'un calcul.

Dans cette méthode, il n'est pas indispensable de procéder à la normalisation des modes propres, le calcul des coefficients affectés aux submatrices passera par la résolution d'un système d'équations linéaires.

Développement de la méthode :

L'équation d'équilibre d'un système en vibrations libres sans amortissement s'écrit :

$$[K_n][\Phi_n] = [M_n][\Phi_n][W^2_n] \qquad (I.13)$$

Avec :

$[M_n]$: matrice masse du système

$[K_n]$: matrice de rigidité du système

$[\Phi_n]$: matrice modale de dimension n x ℓ

$[W^2_n]$: matrice diagonale contenant les ℓ valeurs propres.

n : nombre de degrés de liberté.

ℓ : nombre de vecteur et valeur propres retenus.

Dans le but d'ajuster le modèle éléments finis à partir des résultats expérimentaux, il est judicieux d'exprimer les matrices de rigidité et de masse en fonction d'une somme linéaire de submatrices soit :

$$[K_n] = [K_a] + \sum_{j=1}^{p} aj [K_j] \qquad (I.14)$$

$$[M_n] = [M_a] + \sum_{j=1}^{q} bj [M_j] \qquad (I.15)$$

CHAPITRE I   TRAVAUX DE RECALAGE

où :

$[K_a]$: matrice de rigidité du modèle élément finis

$[M_a]$: matrice masse du modèle élément finis

$[K_j]$: la $i^{ème}$ submatrice de rigidité transformée vers le repère global

$[M_j]$: la $i^{ème}$ submatrice de masse transformée vers le repère global

    a_j et b_j : les $j^{ème}$ coefficient ou facteur d'échelle.

p et q : le nombre de submatrices de rigidité et de masse respectivement

Remarques :

➤ Les submatrices représentent un seul élément ou un groupe d'éléments de la structure supposés avoir la même géométrie, les mêmes propriétés matérielles ou encore les mêmes conditions aux limites.

➤ La correction du modèle analytique passe par l'ajustement des submatrices en calculant les coefficients a_j et b_j

➤ En général les matrices de masse et de rigidité sont obtenues en utilisant la méthode des éléments finis.

➤ Possédant un nombre important de degrés de liberté par rapport aux degrés de liberté mesurés, les matrices de masse et de rigidité obtenues par la méthode des éléments finis peuvent être réduites au niveau des degrés de liberté mesurés.

➤ La matrice modale peut être réarrangée en deux parties, l'une représente les degrés de liberté retenues (mesuré) et l'autre représente les degrés de liberté à éliminer (non mesurés) et notées respectivement [Φ_{na}] et [Φ_{nd}].

$$[\Phi_n] = [B]\begin{bmatrix}[\Phi n_a]\\ [\Phi n_d]\end{bmatrix} = [B][\Phi'_n] \qquad (I.16)$$

En introduisant les équations (I.14), (I.15), et (I.16) dans l'équation d'équilibre et en prémultipliant par $[B]^t$ on obtient :

CHAPITRE I — TRAVAUX DE RECALAGE

$$\left([K_{ab}] + \sum_{j=1}^{p} aj[K_{jb}]\right)[\Phi'_n] = \left([M_{ab}] + \sum_{j=1}^{q} bj[M_{jb}]\right)[\Phi'_n][W^2{}_n] \qquad (I.17)$$

Avec :

$$\begin{cases} [K_{ab}] = [B]^t [K_a][B] \\ [K_{jb}] = [B]^t [K_j][B] \\ [M_{ab}] = [B]^t [M_a][B] \\ [M_{jb}] = [B]^t [M_j][B] \end{cases} \qquad (1.18)$$

La transformation obtenue dans l'équation (I.17) permet l'organisation des coefficients des submatrices conformément à l'ordre des degrés de liberté dans $[\Phi'_n]$.

Pour réduire les matrices de rigidité et de masse aux degrés de liberté retenus, nous pouvons utiliser la condensation de Guyan.

$$[\Phi'_n] = [T][\Phi_{na}] = \begin{bmatrix} [I_{aa}] \\ -[K^{dd}{}_{ab}]^{-1}[K^{da}{}_{ab}] \end{bmatrix}[\Phi_{na}] \qquad (I.19)$$

où :

$[I_{aa}]$ est une matrice d'identité de dimension rxr, avec r est le nombre de degré de liberté retenus.

$[K^{dd}{}_{ab}]$ et $[K^{da}{}_{ab}]$ sont respectivement les deux partitions de gauche et de droite de la matrice $[K_{ab}]$ conformément au placement des degrés de liberté dans $[\Phi_{na}]$ et $[\Phi n_d]$.

En introduisant l'équation (I.19) dans (I.17) et en prémultipliant par $[T]^t$, nous obtenons :

$$\left([K_{ar}] + \sum_{j=1}^{p} aj[K_{jr}]\right)[\Phi_{na}] = \left([M_{ar}] + \sum_{j=1}^{q} bj[M_{jr}]\right)[\Phi_{na}][W^2{}_n] \qquad (I.20)$$

où :

$$\begin{cases} [K_{ar}] = [T]^t [K_{ab}][T] \\ [K_{jr}] = [T]^t [K_{jb}][T] \\ [M_{ar}] = [T]^t [M_{ab}][T] \\ [M_{jr}] = [T]^t [M_{jb}][T] \end{cases} \qquad (I.21)$$

CHAPITRE I   TRAVAUX DE RECALAGE

Dans le but de corriger les matrices de rigidité et de masse, il est nécessaire d'introduire la matrice modale mesurée $[\Phi_m]$ et la matrice des fréquences mesurées $[W^2_m]$ dans l'équation (I.20).

En réarrangeant l'équation (I.19) après introduction de $[\Phi_m]$ et $[W^2_m]$ nous obtenons :

$$\sum_{j=1}^{p} aj[A_j] - \sum_{j=1}^{q} bj[B_j] = [R] \tag{I.22}$$

où :

$$[A_j] = [K_{jr}][\Phi_m] \tag{I.23}$$
$$[B_j] = [M_{jr}][\Phi_m][W^2_m] \tag{I.24}$$
$$[R] = [M_{ar}][\Phi_m][W^2_m] - [K_{ar}][\Phi_m] \tag{I.25}$$

m est le nombre de modes et fréquences mesurés ou utilisés pour la correction.

La dimension des matrices $[A_j]$, $[B_j]$ et $[R]$ est rxm, de plus ces matrices sont connues.

En définissant le vecteur $\{S\} = \{a_1\ a_2\ \ldots\ a_p\ b_1\ b_2\ \ldots b_q\}$ dont les éléments sont les coefficients associés aux submatrices et En réarrangeant l'équation (I.22) nous obtenons :

$$[L]\{S\} = \{r\} \tag{I.26}$$

où :

$$L = \begin{bmatrix} \{A_1\}_1 & \{A_2\}_1 & \ldots & \{A_p\}_1 & \{-B_1\}_1 & \{B_2\}_1 & \ldots & \{-Bq\}_1 \\ \{A_1\}_2 & \{A_2\}_2 & \ldots & \{A_p\}_2 & \{-B_1\}_2 & \{-B_2\} & \ldots & \{-Bq\}_2 \\ \cdot & & & & & & & \\ \cdot & & & & & & & \\ \{A_1\}_m & \{A_2\}_m & \ldots & \{A_p\}_m & \{-B_1\}_m & \{-B_2\}_m & \ldots & \{-Bq\}_m \end{bmatrix} \tag{I.27}$$

$$\{r\} = \left[\{R\}^t_1\ \{R\}^t_2\ \ldots\ \{R\}^t_m\right]^t \tag{I.28}$$

Les vecteurs $\{A_j\}_R\ (j=1,2,\ldots,p; R=1,2,\ldots,m)$ et $\{B_j\}_R\ (j=1,2,\ldots,q; R=1,2,\ldots,m)$

Représente les $R^{\text{ème}}$ colonnes des matrices $[A_j]$ et $[B_j]$ respectivement

Le vecteur $\{R\}_R$ est le $R^{\text{ème}}$ colonne de la matrice $[R]$

La dimension de la matrice [L] est α × β tandis que celle de {r} est α×1.

où α = r × m et β = p+q

Les coefficients associés aux submatrices sont calculés en résolvant l'équation (I.26)

$\{S\} = [L]^+ \{r\}$

où : $[L]^+$ est le pseudoinverse de [L]

I.4. Méthode Basée sur la Mesure de la Matrice de Flexibilité :

Afin de montrer que le problème de recalage ne concerne pas uniquement les modèles en vibrations libres non amortie, et dans le but de mettre la lumière sur d'autres méthodes de recalage, une méthode traitant des modèles en statique sera exposée dans les paragraphes suivants.

Cette méthode repose sur le calcul de minimum d'une fonctionnelle exprimée à partir des matrices de flexibilité [11].

Ce problème s'écrit comme suit :

$$\text{Min} \left\| G^M - G_{mm} \right\| \tag{I.29}$$

où G^M est la matrice de flexibilité mesurée de taille inférieure à celle du modèle.

G_{mm} est une partie de la matrice de flexibilité du modèle correspondant aux degrés de liberté mesurés.

La matrice G_{mm} est obtenue en utilisant la relation entre la matrice de flexibilité G et la matrice de rigidité K ainsi qu'une méthode de condensation adéquate.

$$\begin{aligned} G &= K^{-1} \\ G_{mm} &= \overline{K}^{-1} \end{aligned} \tag{I.30}$$

Avec $\overline{K} = K_{mm} - K_{mo} K_{oo}^{-1} K_{mo}^t$

$\overline{K}$ est obtenue grâce à l'utilisation de la condensation de Guyan, le problème de recalage devient alors :

$$\text{Min} \left\| F(\alpha) \right\| \tag{I.31}$$

où : $F(\alpha) = G^M - \left(K_{mm} - K_{mo} K_{oo}^{-1} K_{mo}^t \right)^{-1}$

Le but est de trouver les coefficients α_i minimisant l'écart entre l'expérience et le calcul.

Les coefficients α_i sont des pourcentages d'erreur entre les paramètres du modèle et les paramètres des structures réelles.

$$\alpha_i = \frac{p_i - \tilde{p}_i}{\tilde{p}_i} \tag{I.32}$$

Le recalage se fait sur un modèle éléments finis soumis à des charges statiques et dont le problème d'équilibre s'écrit comme suit :

$$\tilde{K}\{q\} = \{f\} \tag{I.33}$$

où

$\tilde{K}$: matrice de rigidité du modèle élément finis

$\{q\}$: vecteur contenant les coordonnées généralisées qui correspondent au degrés de liberté du modèle.

$\{f\}$: vecteur des forces modales généralisées.

Il est évident que la correction du modèle ne portera que sur la matrice de rigidité.

$$K = \tilde{K} + \Delta K \tag{I.34}$$

Une approche linéaire est utilisée pour calculer la matrice de correction ΔK :

$$\Delta K = \sum_{i=1}^{np} \alpha_i S_i \tag{I.35}$$

où : np est le nombre de paramètres à corriger et Si est la matrice de sensibilité obtenue comme suit :

$$S_i = \tilde{P}_i \frac{\partial K}{\partial P_i} \tag{I.36}$$

où $\tilde{P}_i$ le paramètre de conception du modèle avant correction.

Deux approches sont utilisées pour résoudre le problème de la minimisation de la fonctionnelle $F(\alpha)$:

➢ La première consiste à obtenir une solution linéaire, $F(\alpha)$ est réécrite en utilisant un développement en série de Taylor.

> La deuxième se base sur la résolution d'un problème non linéaire en utilisant la méthode de Davidon–Fletcher–Powell pour la recherche du gradient de la fonction $F(\alpha)$.

Une fois les coefficients α_i trouvés, la matrice ΔK est désormais possible à calculer, le recalage du modèle se fait en additionnant la matrice de rigidité du modèle et la matrice de correction ΔK.

I. 5. Méthode basée sur la technique du calcul dynamique inverse :

Contrairement aux méthodes citées précédemment, cette méthode considère un système physique amorti et forcé dont l'équation d'équilibre s'écrit comme suit [12] :

$$M\ddot{q} + D\dot{q} + K q = \text{Re}[P_0 \exp(I\omega t)] \qquad (I.37)$$

où :

M est la matrice masse.

D est la matrice d'amortissement.

K est la matrice de rigidité.

$\text{Re}[P_0 \exp(i\omega t)]$ est la force excitatrice fonction du temps et des fréquences propres du modèle

Cette méthode se base sur l'hypothèse que la fréquence propre est le plus souvent la caractéristique importante d'un système dynamique et qu'une méthode de correction de cette fréquence doit être développée.

La technique du calcul dynamique inverse repose sur l'optimisation des paramètres non linéaires pour ajuster et minimiser l'erreur entre les fréquences calculées et les fréquences mesurées.

Le principe de la condensation est encore utilisé pour réduire la taille du problème à résoudre en se basent les degrés de liberté mesurés, ainsi les matrices du système dynamique sont partitionnées en partie active et partie passive.

La matrice d'amortissement est définie comme étant une combinaison linéaire entre la matrice de rigidité et la matrice masse.

$$D = c_1 K + c_2 M \qquad (I.38)$$

où c_1 et c_2 sont les coefficients à optimiser.

Le développement de la méthode permet d'obtenir une fonctionnelle à minimiser. Cette fonctionnelle dépend à la fois des fréquences et des matrices définissant le système dynamique.

La minimisation se fait en dérivant cette fonctionnelle par rapport à un paramètre de conception et la correction portera sur les fréquences du système dynamique.

Il est à noter que les méthodes de recalage des modèles éléments finis sont très variées et ne donnent pas toutes les mêmes résultats souhaités par les chercheurs. Néanmoins, chaque méthode développée apporte un plus dans le domaine de l'ajustement des modèles qui reste ouvert à toute contribution pouvant enrichir davantage le domaine de recalage.

Le chapitre suivant s'intéressera à une des méthodes qui traite les modèles en vibrations libres non amortis. Cette méthode tentera de corriger des erreurs couplées en masse et rigidité en se basant sur la mesure de l'erreur en relation de comportement **[13]**, **[14]**.

CHAPITRE II

LA MÉTHODE DE RECALAGE UTILISÉE

II.1. Introduction :

La méthode utilisée dans ce travail pour le recalage des modèles éléments finis est basée sur la notion d'erreur en relation de comportement [13] en exploitant les résultats des calculs modaux et les données des essais vibratoires.Le modèle mathématique adopté est celui des vibrations libres d'une structure complexe sous les hypothèses des petites perturbations en élasticité. La structure réelle est modélisée et la solution de référence en milieu continu est composée d'un couple admissible (u,σ) où u est un champ de déplacement et σ est un champ de contraintes[1],[14].

Le modèle continu est discrétisé à l'aide d'une formulation en déplacement qui donne un champ de déplacement cinématiquement admissible et un champ de contrainte qui généralement ne vérifie pas les équations d'équilibre. Cette formulation permet aussi la construction de deux matrices caractérisant le modèle élément finis à savoir : la matrice de rigidité K et la matrice de masse M. Le but visé par le développement de cette méthode est de pouvoir contrôler les modélisations par recalage-expérience où la qualité du modèle éléments finis est mesurée par rapport à la structure réelle soumise aux essais de vibration en cherchant à minimiser l'écart calcul-expérience.

CHAPITRE II — LA MÉTHODE DE RECALAGE UTILISÉE

Le processus de recalage se fait par itérations successives localisation-correction suivant le schéma ci-dessous :

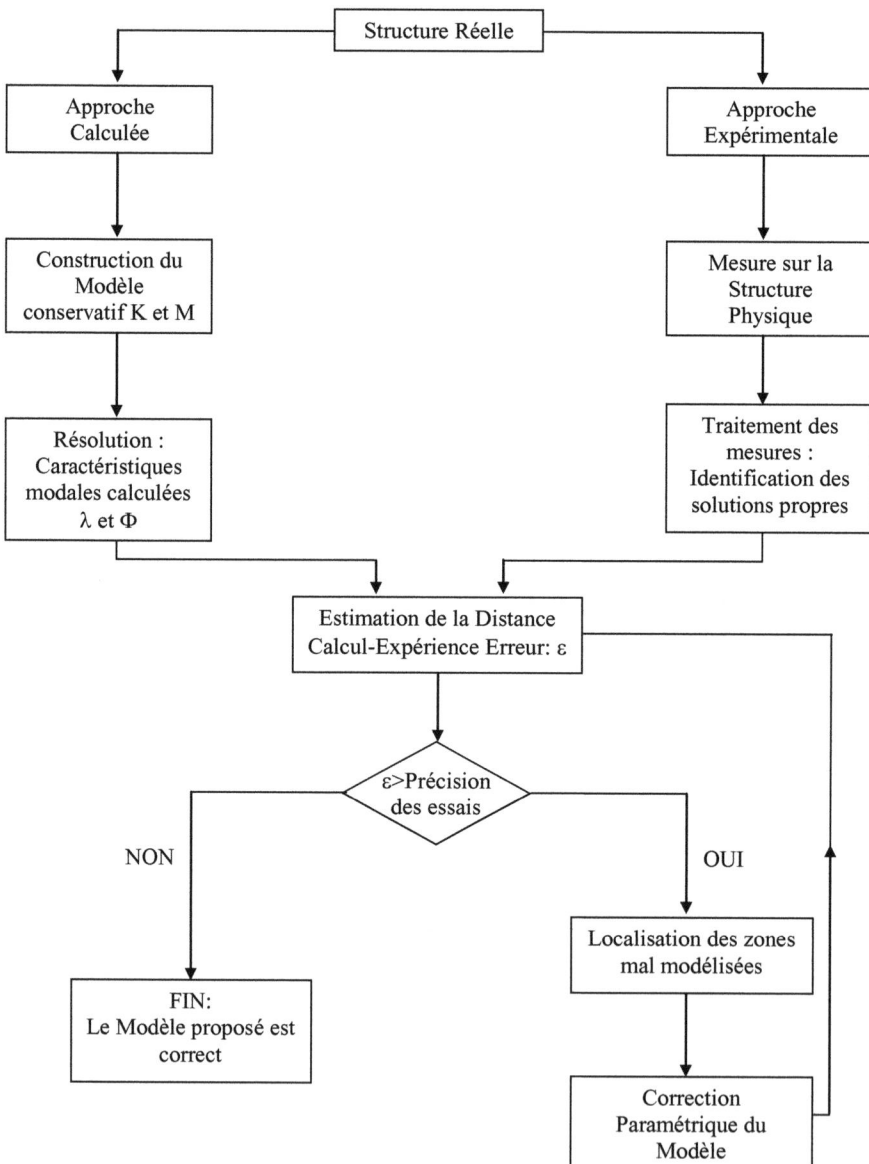

Figure II.1 : Organigramme du processus de recalage.

II.2. Résultats d'essais vibratoires :

Le besoin de la méthode de recalage en matière de résultats d'essais vibratoires s'avère très important pour réussir le dialogue entre calcul éléments finis et expérience. Toutefois il est nécessaire d'apporter des commentaires sur ces résultats.

Les résultats obtenus portent généralement sur les premiers modes propres de vibration et leur fréquences propres correspondantes. Dans le souci de l'ajustement du comportement prédit au comportement mesuré, le respect des données expérimentales les plus fiables s'impose. C'est pourquoi il est important de connaître les possibilités des méthodes expérimentales qui déterminent les caractéristiques modales à partir d'essais de vibration. Ces méthodes sont celles de l'identification modale ; de nombreuses techniques d'identification ont été proposées.

Il est à noter d'une part, que la qualité des données expérimentales est non seulement tributaire des conditions d'excitation et de mesure, mais également de la méthode d'estimation des fonctions de transfert de la méthode d'identification et d'autre part des inégalités importantes sont observées au niveau de la qualité des données expérimentales ; par exemple si les fréquences propres sont déterminées avec une précision de 1 à 2%, la qualité des composantes des vecteurs propres, fonction de la technique d'identification, est de l'ordre de 10% tandis que les masses généralisées peuvent atteindre une erreur de 20%.

En l'absence d'essai de vibration le recours à la simulation de l'expérience s'impose, par conséquent les données expérimentales ne seront plus mesurées mais calculées à l'aide d'un modèle éléments finis différent de celui utilisé pour la modélisation de la structures réelle. En effet ce modèle représente la structure réelle et les fréquences et modes propres calculés à partir d'un système à vibrations libres représentent les données expérimentales mesurés.

II.3. Mesure de l'erreur en relation de comportement :

Le principe de la méthode de localisation postule que les erreurs de modélisation sont situées là où la mesure de l'erreur en relation de comportement [13] est la plus importante et est basée sur l'hypothèse d'une qualité satisfaisante des fréquences propres mesurées.

Les données du problème de recalage sont :

➢ La modélisation initiale caractérisée par la donnée de k_0 et ρ_0.
➢ Les valeurs propres expérimentales $\underline{\lambda}_i$, i=1,q (q : nombre de valeurs propres mesurées).
➢ Une partie mesurée des formes Πu_i propres associées.

Si $\underline{\lambda}$ est une valeur propre exacte pour la modélisation (k_0, ρ_0) alors il existe un couple (u,σ) admissible telle que l'erreur en relation de comportement $\|\sigma - k_0 \varepsilon(u)\|$ soit nulle.

avec : k_0 est l'opérateur de Hooke.

ρ_0 est la masse volumique.

Afin d'obtenir une approche en déplacement, il est nécessaire d'associer à la contrainte σ un champ de déplacement v solution du problème élastique suivant :

$$\int_\Omega \text{tr}[(\sigma - k_0 \varepsilon(v))\varepsilon(u^*)]d\Omega = 0 \quad \forall u^* \in U, \text{ avec } v \in U \tag{II.1}$$

où Ω est le domaine définissant la structure.

La recherche des champs de déplacement solutions (u,v) s'écrit de la manière suivante :

Trouver le couple admissible (u,v) de champs de déplacement appartenant à U tel qu'il minimise :

$$\begin{cases} J:(u,v) \to J(u,v) = \|u-v\|^2 \quad \text{avec} \\ \|u-v\|^2 = \int_\Omega \text{tr}[k_0 \varepsilon(u-v)\varepsilon(u-v)]d\Omega \end{cases} \tag{II.2}$$

CHAPITRE II   *LA MÉTHODE DE RECALAGE UTILISÉE*

La contrainte d'équilibre devient alors :

$$\int_\Omega \mathrm{tr}[k_0 \varepsilon(v)\varepsilon(u^*)]\,d\Omega = \underline{\lambda}\int_\Omega \rho_0\, u\, u^*\, d\Omega \quad \forall u^* \in U \tag{II.3}$$

Lorsque l'on dispose d'une partie au moins de la forme propre expérimentale associée à $\underline{\lambda}$ que l'on note $\underline{\Pi u}$ et en associant le couple (u,v) solution au modèle théorique aux modes expérimentaux ($\underline{\lambda}, \underline{\Pi u}$), le problème de la minimisation de l'erreur globale modifiée devient :

Trouver le couple admissible (u,v) de champs de déplacement appartenant à U tel qu'il minimise :

$$G^2:(u,v) \rightarrow G^2(u,v) = \|u-v\|^2 + \frac{r}{1-r}\|\Pi u - \underline{\Pi u}\|^2 \tag{II.4}$$

Remarques :

Ce problème construit un champ de déplacement u qui prolonge les résultats expérimentaux.

La solution triviale est écartée dès que $\underline{\Pi u}$ ne contient pas uniquement une partie nulle de $\underline{u}$.

La norme $\|....\|$ est une norme choisie sur l'espace tronqué où la partie de la forme $\underline{u}$ est connue.

r est un scalaire exprimant la confiance accordée à la qualité des formes expérimentales :

➢ **r << 1** pour des valeurs expérimentales peu fiable (on prend r = 0.2 pour des vecteurs propres bruités à 10%).

➢ **r** proche de 1 dans le cas contraire (r = 0.7).

➢ **r = 0.5** est une valeur courante.

La solution $\underline{\varepsilon}^2(u,v)$ minimisant $G^2(u,v)$ caractérise la distance entre les prévisions du modèle théorique (éléments finis) et le mode expérimental ($\underline{\lambda}, \underline{\Pi u}$).

Si $\underline{\varepsilon}^2(u,v)$ est nulle, le modes expérimental ($\underline{\lambda}, \underline{\Pi u}$) est parfaitement donné par le modèle théorique.

Ainsi la qualité de prédiction du modèle de calcul est définie par l'erreur globale sur toute la structure et sur la somme des modes expérimentaux mesurés :

$$\varepsilon_t = [\sum_{k=1}^{q} \underline{\underline{\varepsilon}}^2]^{1/2} \qquad (II.5)$$

II.4. Mesure de l'erreur en relation de comportement pour des modélisations par éléments finis :

Le recours à une modélisation par éléments finis en adoptant une approche en déplacement permet de décrire le comportement dynamique de la structure. Le problème aux valeurs propres en vibrations libres sans amortissement s'écrit alors :

Trouver (λ, U), $U \neq 0$ tel que :

$$K U = \lambda M U \qquad (II.6)$$

La dimension de ce problème est donnée par le nombre de degrés de liberté du modèle éléments finis.

Les matrices K et M sont respectivement les matrices de rigidité et de masse symétriques définies positives de dimension (n×n) où n et le nombre de degrés de liberté du modèle.

U est le vecteur propre associé à la valeur propre λ.

Physiquement U représente un mode propre de vibration tendis que λ est la valeur propre associe à U.

On se contentera de calculer les m premiers vecteurs et fréquences propres du modèle où (m<<n).

On suppose que les résultats expérimentaux portent sur les valeurs aux nœuds et que seule une partie est mesurée. On désigne alors par Π l'opérateur de projection qui permet d'extraire de la colonne des déplacements généralisés la partie qui correspond aux mesures.

Le problème discrétisé de la minimisation de l'erreur globale modifiée s'écrit alors comme suit :

Trouver les champs de déplacement $\underline{\underline{U}}$ et $\underline{V}$ appartenant à U tel qu'ils minimisent :

$$\begin{cases} E^2:(U,V) \rightarrow E^2(U,V) = \|U-V\|^2 + \dfrac{r}{1-r}\|\Pi U - \underline{\Pi U}\|^2 \\ \text{sous la contrainte :} \quad K_0\ V = \underline{\lambda}\ M_0\ U \end{cases} \quad \text{(II.7)}$$

En utilisant la norme en énergie de déformation pour décrire la mesure de l'erreur en relation de comportement, le problème devient alors :

Trouver les champs de déplacement $\underline{\underline{U}}$ et $\underline{V}$ appartenant à U tel qu'ils minimisent :

$$\begin{cases} E^2:(U,V) \rightarrow E^2(U,V) = (U-V)^t\ K_0\ (U-V) + \dfrac{r}{1-r}(\Pi U - \underline{\Pi U})^t\ K_r\ (\Pi U - \underline{\Pi U}) \\ \text{sous la contrainte :} \quad K_0\ V = \underline{\lambda}\ M_0\ U \end{cases} \quad \text{(II.8)}$$

K_r est par exemple, la réduction de Guyan de K_0 sur les degrés de liberté mesurés.

La condensation de Guyan sera utilisée dans le programme de calcul.

II.5. Méthode de correction associée à la méthode de localisation :

La méthode de correction associée à la méthode de localisation se base sur la détermination des paramètres de conception p_i décrivant la matrice de rigidité et de masse.

Ce problème s'écrit sous sa forme générale comme suit :

Trouver les couples $(\underline{U},\underline{V})_k$ et les variables de conception p_i (i=1,ℓ) minimisant :

$$E^2(U,V,p) = \sum_{k=1}^{q(modes)} (U_k - V_k)^t \, K_0 \, (U_k - V_k) + \frac{r}{1-r} (\Pi U_k - \underline{\Pi U}_k)^t \, K_r \, (\Pi U_k - \underline{\Pi U}_k)$$

sous les contraintes :

$$[K_0 + \Delta K(p)]V_k = \underline{\lambda}_k \, [M_0 + \Delta M(p)] \, U_k$$

p assurant les propriétés de K(p) et M(p) $[(p_{0i} + p_i) > 0)]$

où $K(p) = K_0 + \Delta K(p)$ avec $\Delta K(p) = \sum_{i=1}^{\ell} C_i \, p_i$

$M(p) = M_0 + \Delta M(p)$ avec $\Delta M(p) = \sum_{i=1}^{\ell} D_i \, p_i$

C_i et D_i sont des matrices à coefficients constants déduites des matrices élémentaires.

p_{0i} : paramètre du modèle initial.

$(\underline{U},\underline{V})_k$: champs de déplacement appartenant à U_0

$k = 1, q$: le nombre de modes mesurés.

La description des champs de déplacement solutions se fait sur la base modale tronquée à l'ordre de m du modèle éléments finis initial.

La résolution s'effectue à l'aide d'un algorithme de gradient conjugué, le temps de calcul de la variante finale s'avère important.

CHAPITRE II　　　　　LA MÉTHODE DE RECALAGE UTILISÉE

Une variante plus rapide consiste à utiliser seulement la partie de l'erreur globale non modifiée correspondant à l'erreur en relation de comportement :

$$\sum_{k=1}^{q(modes)} \|U_k - V_k\|^2 \tag{II.9}$$

Mais le nombre d'itérations localisation–correction nécessaire au recalage sera plus important.

Dans les paragraphes suivants il est question de mettre en évidence la méthode de recalage basée sur l'erreur en relation de comportement en développant ses deux étapes <u>localisation</u>, <u>correction</u>.

La simulation de l'erreur consiste à construire un modèle éléments finis représentant la structure réelle et ayant respectivement les matrices de rigidité et de masses K_{exp} et M_{exp} et introduire une erreur au niveau de certains éléments. Ces deux matrices sont donc, différentes de celles du modèle éléments finis (K et M) à corriger au niveau de certains éléments connus à l'avance.

L'étape de localisation consiste à trouver l'erreur couplée en masse et rigidité là où elle a été introduite en utilisant l'erreur globale modifiée ainsi que les erreurs élémentaires.

II.6. Etape de localisation:

Dans les précédents paragraphes, il a été question d'écrire l'erreur globale modifiée en utilisant une approche en déplacement et une norme en énergie de déformation.

Cette erreur est exprimée pour chaque mode expérimental comme suit :

$$E_k^2 = (U_k - V_k)^t K (U_k - V_k) + \frac{r}{1-r} (\Pi U_k - \underline{\Pi U}_k)^t K_r (\Pi U_k - \underline{\Pi U}_k) \tag{II.10}$$

L'écriture du champ de déplacement dans la base modale tronquée aux modes propres calculés permet de réduire la dimension du problème.

Soit donc :
$$\begin{cases} U = \Phi\, a \\ V = \Phi\, b \end{cases} \tag{II.11}$$

CHAPITRE II   LA MÉTHODE DE RECALAGE UTILISÉE

Avec :

Φ : Matrice des modes calculés à m vecteurs

m : Nombre de modes propres calculés

a,b : Vecteurs des composantes de U et V dans la base modale Φ

Pour le mode expérimental k l'équation d'équilibre s'écrit comme suit :

$$K V_k = \underline{\lambda}_k M U_k \qquad (II.12)$$

En utilisant l'équation (II.11), l'équation (II.12) devient :

$$K \Phi b_k = \underline{\lambda}_k M \Phi a_k \qquad (II.13)$$

La normalisation des vecteurs propres par rapport à une des matrices de rigidité ou de masse revêt un intérêt important quant à la simplification des calculs.

En utilisant une normalisation des vecteurs propres par rapport à la matrice de rigidité on obtient :

$$\Phi^t . K . \Phi = Id \qquad (II.14)$$

En prémultipliant l'équation (II.13) par Φ^t on obtient :

$$b_k = \underline{\lambda}_k \Phi^t M \Phi a_k \qquad (II.15)$$

Or nous avons dans l'équation d'équilibre :

$$K\Phi - [\lambda] M\Phi = 0 \qquad (II.16)$$

En prémultipliant par $[\lambda]^{-1}$ et Φ^t on obtient :

$$\Phi^t M \Phi = [\lambda]^{-1} \qquad (II.17)$$

D'où l'équation (II.15) devient :

$$b_k = \underline{\lambda}_k [\lambda]^{-1} a_k \qquad (II.18)$$

$[\lambda]^{-1}$: Matrice diagonale dont les termes sont les inverses des valeurs propres calculées d'où l'écriture suivante :

$$[\lambda]^{-1} = \text{diag}(\frac{1}{\lambda_i}) \qquad (II.19)$$

Il aussi très utile d'écrire les champs de déplacement tronqués aux degrés de liberté mesurés dans la base modale Φ :

CHAPITRE II   *LA MÉTHODE DE RECALAGE UTILISÉE*

$$\Pi U_k = \Pi \Phi a_k = \tilde{\Phi} a_k \tag{II.20}$$

$\tilde{\Phi}$: Matrice des vecteurs propres ne tenant compte que des degrés de liberté mesurés.

En introduisant l'équation (II.11) dans l'expression de l'erreur globale modifiée on obtient :

$$E_k^2 = (a_k - b_k)^t \, \Phi^t \, K \, \Phi \, (a_k - b_k) + \frac{r}{1-r} (\Pi \Phi a_k - \underline{\Pi U_k})^t \, K_r \, (\Pi \Phi a_k - \underline{\Pi U_k}) \tag{II.21}$$

En utilisant la propriété des modes propres exprimée dans l'équation (II.14) on obtient :

$$E_k^2 = (a_k - b_k)^t (a_k - b_k) + \frac{r}{1-r} (\Pi \Phi a_k - \underline{\Pi U_k})^t \, K_r \, (\Pi \Phi a_k - \underline{\Pi U_k}) \tag{II.22}$$

En remplaçant b_k par sa valeur exprimée dans l'équation (II.18) l'erreur globale modifiée devient :

$$E_k^2 = ([\text{Id} - \underline{\lambda}_k [\lambda]^{-1}] a_k)^t ([\text{Id} - \underline{\lambda}_k [\lambda]^{-1}] a_k) + \frac{r}{1-r} (\tilde{\Phi} a_k - \underline{\Pi U_k})^t \, K_r \, (\tilde{\Phi} a_k - \underline{\Pi U_k}) \tag{II.23}$$

Ou encore :

$$E_k^2 = a_k^t \, N^t \, N a + \frac{r}{1-r} (\tilde{\Phi} a_k - \underline{\Pi U_k})^t \, K_r \, (\tilde{\Phi} a_k - \underline{\Pi U_k}) \tag{II.24}$$

Avec : $\quad N = \text{Id} - \underline{\lambda}_k [\lambda]^{-1}$ \hfill (II.24')

La recherche du minimum de cette fonctionnelle revient à faire la recherche du zéro de sa dérivée par rapport à a_k.

$$\frac{\partial E^2}{\partial a} = 0 \Rightarrow N^t \, N \underline{a} + \frac{r}{1-r} \tilde{\Phi}^t \, K_r \, \tilde{\Phi} \underline{a} - \frac{r}{1-r} \tilde{\Phi}^t \, K_r \, \underline{\Pi U_k} = 0 \tag{II.25}$$

ou encore :

$$[N^t \, N + \frac{r}{1-r} \tilde{\Phi}^t \, K_r \, \tilde{\Phi}] \underline{a} = \frac{r}{1-r} \tilde{\Phi}^t \, K_r \, \underline{\Pi U_k} \tag{II.26}$$

Cette équation représente un système linéaire à m inconnus où m est le nombre de modes calculés.

La solution de ce système est la suivante:

$$\begin{cases} \underline{a} = \dfrac{r}{1-r}[N^t N + \dfrac{r}{1-r} \widetilde{\Phi}^t K_r \widetilde{\Phi}]^{-1} \widetilde{\Phi}^t K_r \underline{\Pi U}_k \\ \text{avec } N = Id - \underline{\lambda}_k [\lambda]^{-1} \end{cases} \qquad (II.27)$$

Ainsi le problème de localisation est résolu par le calcul de $\underline{a}$, donc U et V, et l'erreur globale ainsi que les erreurs élémentaires peuvent être calculées comme suit :

➢ **Erreur Globale :**

$$\Gamma = \sum_{k=1}^{q \text{ (modes)}} \dfrac{\sum_{\text{éléments}} \|U - V\|^2_{\text{éléments, modes}}}{\dfrac{1}{2}(\|U\|^2 + \|V\|^2)_{\text{modes}}} \qquad (II.28)$$

➢ **Erreur Élémentaire**

$$\Gamma_{\text{élément}} = \sum_{k=1}^{q \text{ (modes)}} \dfrac{\|U - V\|^2_{\text{éléments, modes}}}{\dfrac{1}{2}(\|U\|^2 + \|V\|^2)_{\text{modes}}} \qquad (II.29)$$

Avec :

$$\begin{cases} U = \Phi \underline{a} \\ V = \Phi \underline{b} \end{cases} \qquad \text{et} \qquad \underline{b} = \underline{\lambda}_k [\lambda]^{-1} \underline{a}$$

Remarque :

Les normes utilisées pour le calcul des erreurs élémentaires et l'erreur globale sont des normes en énergie de déformation.

Pour le calcul des erreurs élémentaires on utilise les matrices élémentaires de rigidité tandis que pour le calcul de l'erreur globale on utilise la matrice de rigidité de toute la structure.

L'erreur globale peut être calculée en sommant les erreurs élémentaires.

II.7. Etape de correction :

Dans l'étape de localisation, les paramètres de conception p n'apparaissent pas. Dans l'étape de correction, ces variables sont introduites et ne concernent que les régions mal modélisées détectées dans l'étape de localisation, ce qui permet un contrôle aisé des solutions.

La contrainte donnée par l'équation d'équilibre dynamique apparaissant dans le problème général de la correction est :

$$K(p) V_k = \underline{\lambda}_k M(p) U_k \qquad (II.30)$$

Pour le mode expérimental k.

Les matrices K (p) et M (p) sont mises sous la forme :

$$K(p) = K_0 + \Delta K(p) \qquad \text{et} \qquad M(p) = M_0 + \Delta M(p) \qquad (II.31)$$

Où :

K_0 et M_0 sont respectivement les matrices de rigidité et de masse du modèle éléments finis initial.

ΔK et ΔM sont les matrices de correction à apporter aux matrices du modèle initial pour le recaler, elles sont fonction des paramètres de conception p des éléments erronés décelés dans l'étape de localisation.

Pour l'étape de correction, l'erreur en relation de comportement est calculée pour toute la structure et pour tous les modes propres expérimentaux disponibles. On introduit dans l'expression de la mesure de l'erreur globale les paramètres de conception décrivant les zones reconnues à l'étape de localisation.

On pose alors, le problème général de correction suivant :

Trouver le couple du champs de déplacement $(\underline{U}, \underline{V})$ appartenant à U et les matrices de correction ΔK et ΔM minimisant :

$$\begin{cases} E_c^{\,2}(U, V, \Delta K, \Delta M) \to E_c^{\,2}(U, V, \Delta K, \Delta M) \text{ tels que} \\ E_c^{\,2}(U, V, \Delta K, \Delta M) = \sum_{k=1}^{q(modes)} (\|U_k - V_k\|^2 + \frac{r}{1-r} \|\Pi U_k - \underline{\Pi U}_k\|^2 \\ \text{Sous la contrainte :} \quad (K_0 + \Delta K) V_k = \underline{\lambda}_k (M_0 + \Delta M) U_k \qquad (k = 1, \ldots q) \end{cases} \qquad (II.32)$$

CHAPITRE II   LA MÉTHODE DE RECALAGE UTILISÉE

En prenant en compte la norme en énergie de déformation et les paramètres de conception, le problème général de correction ci-dessus s'écrit :

Trouver le couple du champs de déplacement ($\underline{U}, \underline{V}$) appartenant à *U et les* paramètres de conception p_i ($i = 1,...,\ell$) minimisant :

$$\begin{cases} E_c^2 : (U, V, p) \to E_c^2 (U, V, p) = \sum_{k=1}^{q(\text{modes})} [(U_k - V_k)^t K_0 (U_k - V_k) + \frac{r}{1-r} (\Pi U_k - \underline{\Pi U}_k)^t K_r (\Pi U_k - \underline{\Pi U}_k)] \\ \text{sous les contraintes :} \\ [K_0 + \Delta K(p)] V_k = \lambda_k [M_0 + \Delta M(p)] U_k \qquad (k = 1,...q) \end{cases} \qquad (II.32)$$

$p \in R^\ell$, avec les contraintes sur « p » assurant les propriétés de K et M c'est-à-dire : $(p_i + p_{i0}) \rangle 0$ où p_{i0} est le paramètre du modèle initial

On pose : $\qquad \Delta K = \sum_{i=1}^{\ell} C_i \, p_i \qquad \text{et} \qquad \Delta M = \sum_{i=1}^{\ell} D_i \, p_i \qquad (II.33)$

C_i et D_i : matrices à coefficients constants déduites des matrices élémentaires.

Ce problème est de dimension $((q \times 2n) + \ell)$ et la taille des matrices est n, le nombre de degrés de liberté du modèle élément finis.

A priori, une telle finesse n'est pas nécessaire pour décrire les solutions d'autant que celle-ci demanderait un investissement en temps calcul très important pour des structures à grand nombre de degrés de liberté pénalisant ainsi l'emploi de la méthode de correction.

Nous choisissons de décrire les champs de déplacement U et V de façon approchée sur une base modale tronquée à l'ordre m des modes calculés.

A la première étape d'itération globale localisation – correction, cette base est celle du modèle éléments finis initial :

$\qquad (\lambda_i, X_i); \qquad i = 1,...,m; \qquad 1 \langle m \langle \langle n$

On écrit alors : $\qquad \begin{cases} U = \Phi a \\ U = \Phi b \end{cases} \qquad\qquad$ rappel de (II.11)

où Φ est la matrice modale tronquée à l'ordre m (n x m)

a, b sont des vecteurs de dimension m, composantes de U et V dans la base Φ.

CHAPITRE II   LA MÉTHODE DE RECALAGE UTILISÉE

Avec (II,11) et (II,31), (II,30) devient :

$$(K_o + \Delta K) \Phi b_k = \underline{\lambda}_k (M_0 + \Delta M) \Phi a_k \tag{II.34}$$

En prémultipliant cette équation pat Φ^t on obtient, pour un mode k :

$$(\Phi^t K_0 \Phi + \Phi^t \Delta K \Phi) b_k = \underline{\lambda}_k (\Phi^t M_0 \Phi + \Phi^t \Delta M \Phi) a_k \tag{II.35}$$

Les vecteurs propres sont normés suivant K_0.

L'équation (II.35) devient alors :

$$(I_d + \Phi^t \Delta K \Phi) b_k = \underline{\lambda}_k \left[\operatorname{diag}(\frac{1}{\lambda_i}) + \Phi^t \Delta M \Phi \right] a_k \tag{II.36}$$

Où :

I_d désigne la matrice identité de dimension m.

diag $(\frac{1}{\lambda_i})$ est la matrice diagonale de dimension m dont les éléments sont les inverses des valeurs propres calculées.

Ou encore :

$$b_k = \underline{\lambda}_k (I_d + \Phi^t \Delta K \Phi)^{-1} \vec{[} \operatorname{diag}(\frac{1}{\lambda_i}) + \Phi^t \Delta M \Phi] a_k \tag{II.37}$$

Dans l'expression de l'erreur (II.10), et moyennant (II,11), le terme (U - V) devient :

$$U_k - V_k = \Phi a_k - \Phi b_k = \Phi(a_k - b_k) \tag{II.38}$$

Et le terme $(\Pi U k - \Pi \underline{V} k)$:

$$\Pi U_k - \underline{\Pi U}_k = \Pi \Phi a_k - \underline{\Pi U}_k = \tilde{\Phi} a_k - \underline{\Pi U}_k \tag{II.39}$$

où $\tilde{\Phi}$ est une matrice de dimension (s x m) avec s le nombre de degrés de liberté mesurés.

CHAPITRE II   *LA MÉTHODE DE RECALAGE UTILISÉE*

Le problème de la correction paramétrique devient :

$$\begin{cases} \text{Trouver } a \in R^m, b \in R^m \text{ et } p \in R^\ell \text{ minimisant :} \\ F_c^2 : (a,b,p) \to F_c^2 : (a,b,p) = \sum_{k=1}^{q(modes)} [(a_k - b_k)^t (a_k - b_k) + \frac{r}{1-r}(\tilde{\Phi} a_k - \underline{\Pi U}_k)^t K_r (\tilde{\Phi} a_k - \underline{\Pi U}_k)^t] \\ \text{sous les contraintes :} \\ b_k = \lambda_k (Id + \Phi^t \Delta K \Phi)^{-1} [\text{diag}(\frac{1}{\lambda_i}) + \Phi^t \Delta M \Phi] a_k \qquad k = 1,...q \end{cases} \qquad (II.40)$$

Avec les contraintes sur « p » assurant les propriétés de K et M.

On obtient alors un problème dont le nombre de variables est réduit de (q x 2n)+p à (q x 2m)+p avec des contraintes à vérifier.

Ce problème est ensuite transformé en un nouveau problème où la relation d'équilibre est introduite dans la fonctionnelle.

L'expression ($a_k - b_k$) donne :

$$b_k - a_k = \left\{ \underline{\lambda}_k (I_d + \Phi^t \Delta K \Phi)^{-1} [\text{diag}(\frac{1}{\lambda_i}) + \Phi^t \Delta M \Phi] - I_d \right\} a_k = N_k a_k \qquad (II.41)$$

où N_k est l'opérateur entre accolades. Il est de dimension m le nombre de modes calculés pris en compte, le nouveau problème s'écrit :

Trouver $a \in R^m$ et $p_i \in R$ ($i = 1,...,\ell$) minimisant :

$$G_c^2 : (a,b) \to G_c^2 (a,b) = \sum_{k=1}^{q(modes)} [a_k^{\,t} N_k^{\,t} N_k a_k + \frac{r}{1-r}(\tilde{\Phi} a_k - \underline{\Pi U}_k)^t K_r (\tilde{\Phi} a_k - \underline{\Pi U}_k)] \qquad (II.42)$$

Dans ce problème, les variables sont maintenant a et p_i (i = 1,..,ℓ), donc nous avons une réduction de (q x 2m) + p à (q x m) + p variables.

La minimisation de la fonctionnelle G_c^2 (a, b) suivant la variable « a_k » conduit à :

$$\frac{\partial G_c^2 (a,b)}{\partial a_k} = 0 \Rightarrow N_k^{\,t} N_k \underline{\underline{a}}_k + \frac{r}{1-r} \tilde{\Phi}^t K_r \tilde{\Phi} \underline{\underline{a}}_k = \frac{r}{1-r} \tilde{\Phi}^t K_r \underline{\Pi U}_k \qquad (II.43)$$

D'où : $\underline{a}_k = \dfrac{r}{1-r}[N_k^t N_k + \dfrac{r}{1-r}\tilde{\Phi}^t K_r \tilde{\Phi}]^{-1} \tilde{\Phi}^t K_r \underline{\Pi U}_k$ \hfill (II.44)

Pour $k = 1,\ldots,q$

En posant P_k l'opérateur $[N_k^t N_k + \dfrac{r}{1-r}\tilde{\Phi}^t K_r \tilde{\Phi}]$ on détermine la composante a_k solution par :

$$\underline{a}_k = \dfrac{r}{1-r} P_k^{-1} \tilde{\Phi}^t K_r \underline{\Pi U}_k \hfill (II.45)$$

En reportant $\underline{a}_k$, pour k variant de 1 à q, dans $G_c^2(a,p)$ on a la nouvelle fonctionnelle :

$$E_{\underline{a}}^2(p) = \sum_{k=1}^{q(modes)} [\underline{a}_k^t N_k^t N_k \underline{a}_k + \dfrac{r}{1-r}(\tilde{\Phi}\underline{a}_k - \underline{\Pi U}_k)^t K_r (\tilde{\Phi}\underline{a}_k - \underline{\Pi U}_k)]$$

$$= \sum_{k=1}^{q(modes)} [\underline{a}_k^t N_k^t N_k \underline{a}_k + \dfrac{r}{1-r}\underline{a}_k^t \tilde{\Phi}^t K_r \tilde{\Phi}\underline{a}_k - \dfrac{r}{1-r}\underline{a}_k^t \tilde{\Phi}^t K_r \underline{\Pi U}_k - \dfrac{r}{1-r}\underline{\Pi U}_k^t K_r \tilde{\Phi}\underline{a}_k + \dfrac{r}{1-r}\underline{\Pi U}_k^t K_r \underline{\Pi U}_k] \hfill (II.46)$$

En prémultipliant l'expression (II,43) par $\underline{a}_k^t$ et en transposant le second membre vers le premier on aboutit à :

$$\underline{a}_k^t N_k^t N_k \underline{a}_k + \dfrac{r}{1-r}\underline{a}_k^t \tilde{\Phi}^t K_r \tilde{\Phi}\underline{a}_k - \dfrac{r}{1-r}\underline{a}_k^t \tilde{\Phi}^t K_r \underline{\Pi U}_k = 0 \hfill (II.47)$$

pour $k = 1,\ldots,q$

Cette dernière écriture est identique à l'expression donnée par les trois premiers termes de (II.46).

Finalement le problème de la correction de l'erreur globale modifiée se présente comme suit :

CHAPITRE II   LA MÉTHODE DE RECALAGE UTILISÉE

Trouver les paramètres de conception $p \in R^{\ell}$ minimisant :

$$\begin{cases} E_{\underline{a}}^2 : (p) \to E_{\underline{a}}^2 (p) = \sum_{k=1}^{q(modes)} -\frac{r}{1-r} \underline{\Pi U}_k^t K_r [\widetilde{\Phi}\underline{\underline{a}}_k - \underline{\Pi U}_k] & \text{(II.48)} \\ \text{avec :} \\ \underline{\underline{a}}_k = \frac{r}{1-r} P_k^{-1} \widetilde{\Phi}^t K_r \underline{\Pi U}_k & \text{(II.49)} \\ P_k = [N_k^t N_k + \frac{r}{1-r} \widetilde{\Phi}^t K_r \widetilde{\Phi}] & \text{(II.50)} \\ N_k = \underline{\lambda}_k \ (Id + \Phi^t \Delta K \ \Phi)^{-1} [diag(\frac{1}{\lambda_i}) + \Phi^t \Delta M \ \Phi] - Id & \text{(II.51)} \\ \text{pour } k = 1,...q \end{cases}$$

Avec les contraintes sur « p » assurant les propriétés de K et M.

Résolution :

Les matrices erreurs ΔK et ΔM sont représentées comme suit :

$$\Delta K = \sum_{i=1}^{\ell} C_i p_i \qquad \text{et} \qquad \Delta M = \sum_{i=1}^{\ell} D_i p_i \qquad \text{rappel de (II.33)}$$

Avec :

p_i : scalaires représentants les corrections à apporter aux paramètres structuraux.

C_i et D_i : matrices à coefficients constants déduites des matrices élémentaires.

La minimisation de la fonctionnelle $E_{\underline{a}}^2 (p)$ par l'algorithme du gradient conjugué nécessite la dérivée de celle-ci par rapport à p.

En remplaçant (II.49) dans (II.48) on obtient :

$$E_{\underline{a}}^2 (p) = \sum_{k=1}^{q(modes)} -\frac{r}{1-r} \underline{\Pi U}_k^t K_r [\widetilde{\Phi} \frac{r}{1-r} P_k^{-1} \widetilde{\Phi}^t K_r \underline{\Pi U}_k - \underline{\Pi U}_k] \qquad \text{(II.52)}$$

d'où :

$$\frac{\partial E_{\underline{a}}^2 (p)}{\partial p_i} = \sum_{k=1}^{q(modes)} [\frac{r}{1-r}]^2 \underline{\Pi U}_k^t K_r \widetilde{\Phi} P_k^{-1} \frac{\partial P_k}{\partial p_i} P_k^{-1} \widetilde{\Phi}^t K_r \underline{\Pi U}_k \qquad \text{pour } i = 1,...,\ell \qquad \text{(II.53)}$$

Dans cette expression, il reste encore à développer $\frac{\partial P_k}{\partial p_i}$.

CHAPITRE II — LA MÉTHODE DE RECALAGE UTILISÉE

De (II.50) on a :

$$\frac{\partial P_k}{\partial p_i} = N_k^t \frac{\partial N_k}{\partial p_i} + \frac{\partial N_k^t}{\partial p_i} N_k \qquad (II.54)$$

De (II.51) on écrit :

$$N_k = \underline{\lambda}_k \, B^{-1} \, [\, \text{diag}(\frac{1}{\lambda_i}) + \Phi^t \, \Delta M \, \Phi \,] - I_d \qquad (II.55)$$

avec : $B = I_d + \Phi^t \, \Delta K \, \Phi$ \qquad (II.56)

D'où :

$$\frac{\partial N_k}{\partial p_i} = -\underline{\lambda}_k \, B^{-1} \frac{\partial B}{\partial p_i} B^{-1} [\, \text{diag}(\frac{1}{\lambda_i}) + \Phi^t \, \Delta M \, \Phi \,] + \underline{\lambda}_k \, B^{-1} \, \Phi^t \, D_i \, \Phi \,] \quad \text{pour } i=1,...,\ell \qquad (II.57)$$

Avec : $\dfrac{\partial B}{\partial p_i} = \Phi^t \, C_i \Phi$ \qquad (II.58)

On remarque que ces calculs se font avec des matrices de taille m, le nombre de modes calculés disponibles.

Une fois que tous les calculs relatifs aux deux étapes de recalage localisation-correction sont définis, il est possible de passer -à présent- à l'implémentation informatique de la méthode de recalage en utilisant un langage de programmation adéquat à ce genre de problème. C'est cette partie qui sera traitée dans le chapitre suivant.

CHAPITRE III

IMPLEMENTATION INFORMATIQUE DE LA MÉTHODE

III.1. introduction :

L'illustration de l'efficacité ou non de la méthode de recalage basée sur les erreurs en relation de comportement passe impérativement par une implémentation informatique en utilisant un langage de programmation adapté surtout au calcul matriciel.

Afin de faciliter l'implémentation informatique de la méthode, il est nécessaire d'employer un langage de programmation qui permet à la fois une introduction aisée des données et une résolution rapide et efficace des équations.

En se basant sur ces deux critères, le choix du langage de programmation est rendu facile grâce à l'avènement d'un système interactif et convivial de calcul numérique qui s'appelle Matlab.

III.2. Définition de MATLAB :

Matlab est un système interactif et convivial de calcul numérique et de visualisation graphique destiné aux ingénieurs et aux scientifiques. Il possède un langage de programmation à la fois puissant et simple d'utilisation. Il permet d'exprimer les problèmes et les solutionner d'une façon aisée [8].

Ce système intègre des fonctions d'analyse numérique, de calcul matriciel, de traitement de signal et de visualisation graphique 2D et 3D. Il peut être utilisé de façon interactive ou en mode programmation.

En mode interactif, l'utilisateur a la possibilité de réaliser rapidement des calculs sophistiqués et d'en présenter les résultats sous forme numérique ou graphique.En mode programmation, il est possible d'écrire des programmes comme avec un autre langage. L'utilisateur peut aussi créer ses propres fonctions pouvant être appelées de

CHAPITRE III   IMPLEMENTATION INFORMATIQUE DE LA METHODE

façon interactive ou par les scripts (programmes). Les fonctions donnent à MATLAB un atout inégalable.

Dans Matlab, l'élément de base est la matrice, l'utilisateur ne s'occupe pas des allocations numériques ou de redimensionnement comme dans les langages classiques. Les problèmes numériques peuvent être résolus en un temps record qui ne représente qu'une infime fraction du temps à passer avec d'autres langages tel que le Basic, C, C^{++} ou encore le Fortran.

Vu les avantages qu'il présente, Matlab s'impose dans le monde universitaire et industriel comme un outil puissant de simulation et de visualisation de problèmes numériques.

Dans le milieu universitaire Matlab est utilisé pour l'enseignement de l'algèbre linéaire, le traitement du signal, l'automatique, ainsi que dans la recherche scientifique. Dans le domaine industriel, il est utilisé pour la résolution et simulation de problèmes pratiques d'ingénierie et de prototypage.

Matlab est une abréviation de MATtrix LABoratory écrit à l'origine en Fortran par Cleve Moler. Il était destiné à faciliter l'accès au logiciel matriciel développé dans les projets LINPACK et ELPACK. La version actuelle écrite en langage C par « The MathWotks Inc » existe en version « professionnelle » et en version « étudiant ». Sa disponibilité est assurée sur plusieurs plateformes: Sun, Bull, HP, IBM, compatible PC, Macintosh et plusieurs machines parallèles.

III.3. Structure du programme de recalage :

Tout programme informatique à besoin d'être structuré et organisé de façon à permettre une facilité d'usage et un repérage des erreurs de syntaxe ou autres.

Dans ce même contexte, le programme de recalage est divisé en plusieurs programmes stockés dans des fichiers différents, ces mêmes fichiers sont ordonnés comme suit :

CHAPITRE III   IMPLEMENTATION INFORMATIQUE DE LA METHODE

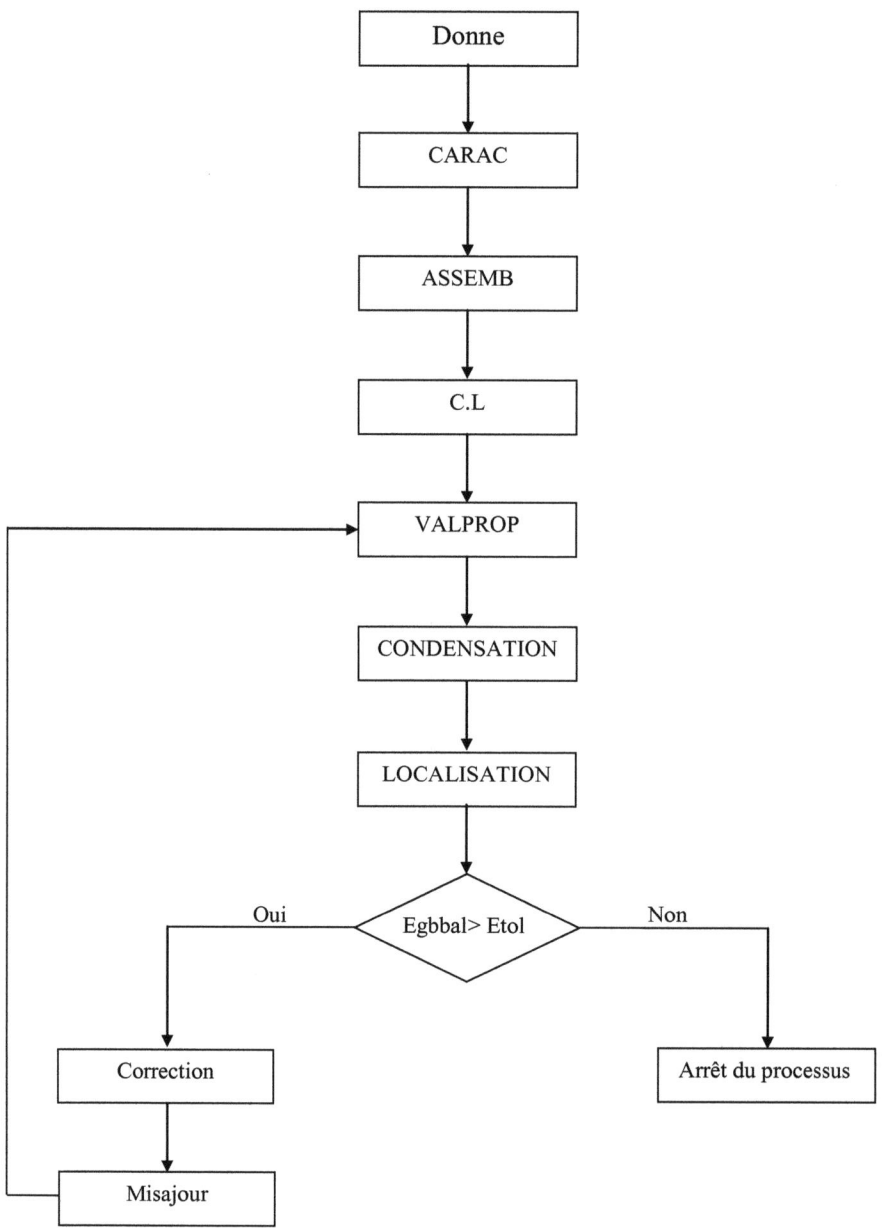

Figure III.1 : Organigramme du programme de recalage

CHAPITRE III   IMPLEMENTATION INFORMATIQUE DE LA METHODE

III.4. Fonction de chaque fichier

III.4.1. Le fichier DONNE :

Dans ce fichier sont regroupées toutes les données nécessaires au problème de recalage à savoir :

- ❖ Caractéristiques géométriques et matérielles de la structure.
- ❖ Division de la structure en plusieurs éléments.
- ❖ Introduction des conditions aux limites sous forme d'un vecteur contenant les degrés de liberté bloqués.
- ❖ Introduction des erreurs en section et en inertie sous forme de vecteurs qui c ontiennent les pourcentages d'erreurs pour chaque élément de la structure réelle.
- ❖ Introduction des données de calcul qui sont :
  - ➢ Nombre de modes calculés.
  - ➢ Nombre de modes mesurés.
  - ➢ Degrés de liberté mesurés.
  - ➢ Facteur de confiance.
- ❖ Introduction du nombre de paramètres de conception ainsi que l'initialisation du vecteur contenant ces paramètres.

III.4.2. Le fichier CARAC :

Une fois les données nécessaires stockées, il est possible maintenant de calculer les caractéristiques de la structure qui sont :

- ❖ Section et inertie si possible car dans certains cas ces deux variables peuvent être introduites directement comme données.
- ❖ Représentation des éléments de la structure par les nœuds qui les définissent sous forme d'une matrice de taille (nno_e x n) avec :
  - ➢ nno_e : nombre de nœuds définissant un élément.
  - ➢ n : nombre d'éléments.

CHAPITRE III   IMPLEMENTATION INFORMATIQUE DE LA METHODE

Exemple : soit la poutres représentée sur la figure suivante

$$\text{noeud} = \begin{bmatrix} 1 & 2 \\ 2 & 3 \end{bmatrix}$$

Le vecteur ddl_n contient les degrés de liberté de chaque élément.

Exemple : si on considère 3 degrés de liberté pour chaque nœud, on obtient pour l'exemple précédent :

$$\text{ddl\_n} = \begin{bmatrix} 1 & 4 \\ 2 & 5 \\ 3 & 6 \\ 4 & 7 \\ 5 & 8 \\ 6 & 9 \end{bmatrix}$$

Le vecteur contenant les paramètres de conception défini dans le fichier « donne » par des zéros, est rempli par les paramètres initiaux de la structure, par exemple : la section et l'inertie.

III.4.3. Le fichier ASSEMB :

Dans ce fichier sont définies les matrices de rigidité et de masse de chaque élément puis assemblées pour construire les matrices de rigidité et de masse globales pour le modèle élément finis et la structure réelle en introduisant les pourcentages d'erreur définis dans le fichier « donne ».

Une fois ces opérations terminées, on obtient deux structures, la première constitue le modèle élément finis et la deuxième représente la structure réelle qui simulera l'expérience.

CHAPITRE III   IMPLEMENTATION INFORMATIQUE DE LA METHODE

III.4.4. Le fichier C.L :

Il consiste dans ce fichier d'appliquer les conditions aux limites aux matrices de rigidité et de masse en enlevant les lignes et les colonnes correspondants aux degrés de liberté bloqués.

Cette opération s'applique pour les deux structures que ce soit le modèle élément finis ou la structure réelle dans le cas d'une simulation numérique des essais.

III.4.5. Le fichier VALPROP :

Après avoir appliqué les conditions aux limites sur les deux structures, il est possible de procéder au calcul des valeurs propres en utilisant la fonction « EIG » qui permet d'effectuer ce calcul en une seule ligne.

Les valeurs propres sont stockées dans une matrice diagonale de taille m x m et classées de la plus petite à la plus grande valeur, où m est le nombre de modes calculés retenus.

Les vecteurs propres sont emmagasinés dans une matrice de taille : nombre de degrés de liberté x m puis normalisés par rapport à la matrice de rigidité.

Les valeurs propres expérimentales sont stockées dans une matrice diagonale de taille q x q, où q est le nombre de modes expérimentaux mesurés.

De même, les vecteurs propres sont stockés dans une matrice de taille : nombre de degrés de liberté x q.

III.4.6. Le fichier CONDENSATION :

L'objectif visé dans ce fichier est de calculer la matrice de rigidité condensée en utilisant la condensation de « Guyan » et en se servant du vecteur qui contient les degrés de liberté mesurés qui se trouve dans le fichier « Donne ».

Dans ce même fichier, est réalisée la réduction des bases modales expérimentale et calculée aux seuls degrés de liberté mesurés.

Le principe de base de la condensation de Guyan consiste à obtenir un problème aux valeurs propres de taille réduite aux seuls degrés de liberté dynamiques. Pour cela, on effectue une partition de l'ensemble des degrés de libertés de la structure en deux

CHAPITRE III   IMPLEMENTATION INFORMATIQUE DE LA METHODE

sous-ensembles: le sous-ensemble des n_d degrés de libertés dynamiques ou principaux qui vont servir à caractériser seuls le comportement dynamique de la structure et le sous-ensemble complémentaire des degrés de libertés secondaire.

La partition du vecteur déplacement et des matrices de rigidité et de masse se fait comme suit :

$$X = \begin{bmatrix} X_d \\ X_s \end{bmatrix} \qquad K = \begin{bmatrix} K_{dd} & K_{ds} \\ K_{sd} & K_{ss} \end{bmatrix} \qquad M = \begin{bmatrix} M_{dd} & M_{ds} \\ M_{sd} & M_{ss} \end{bmatrix} \qquad (III.1)$$

Par ailleurs, on choisit les degrés de liberté dynamiques de telle sorte que les forces d'inertie correspondant aux degrés de libertés secondaires puissent être négligées c'est-à-dire en écrivant le système dynamique $K X = \omega^2 M X$ sous la forme :

$$K X = F \quad \text{avec} \quad F = \omega^2 M X \quad \text{(vecteur des forces d'inertie)} \qquad (III.2)$$

$$\begin{bmatrix} K_{dd} & K_{ds} \\ K_{sd} & K_{ss} \end{bmatrix} \begin{bmatrix} X_d \\ X_s \end{bmatrix} = \begin{bmatrix} F_d \\ F_s \end{bmatrix} \qquad \text{avec} \quad F_s \approx 0 \qquad (III.3)$$

Si les forces d'inertie F_s peuvent être négligées, ce qui est le cas si les masses affectées aux degrés de liberté secondaires sont nulles ou négligeables, on obtient la relation de dépendance linéaire entre degrés de liberté :

$K_{sd} X_d + K_{ss} X_s = 0$

(III.4)

D'où: $X_s = -K_{ss}^{-1} K_{sd} X_d$ (III.5)

On peut donc définir la transformation suivante :

$X = \Psi X_d$ (III.6)

avec : $\Psi = \begin{bmatrix} Id \\ \Psi_{sd} \end{bmatrix} = \begin{bmatrix} Id \\ -K_{ss}^{-1} K_{sd} \end{bmatrix}$ (III.7)

Notons que la matrice rectangulaire Ψ_{sd} s'obtient par résolution du système linéaire suivant :

$K_{ss} \Psi_{sd} = -K_{sd}$ (III.8)

Chaque colonne de Ψ correspond à une déformation statique de la structure qui correspond à une valeur unité d'un déplacement en un degré de liberté dynamique la valeur zéro étant prescrite aux autres de grés de libertés dynamiques. Ces n_d modes

CHAPITRE III   IMPLEMENTATION INFORMATIQUE DE LA METHODE

statiques peuvent être considérés comme des vecteurs de base permettant de définir le sous-espace des premiers modes dans une méthode de Ritz. La transformation (III.6) permet d'exprimer les énergies cinétiques et de déformation en fonction des nouvelles coordonnées généralisées. Soit :

- Pour l'énergie cinétique: $T = \frac{1}{2}\dot{q}^T M \dot{q} = \frac{1}{2}\dot{q}_d^T \overline{M}_{dd} \dot{q}_d$ (III.9)

- Pour l'énergie de déformation: $U = \frac{1}{2}q^T K q = \frac{1}{2}q_d^T \overline{K}_{dd} q_d$ (III.10)

Les équations d'Euler-Lagrange s'écrivent ici pour la structure sans amortissement :

$$\frac{d}{dt}(\frac{\partial T}{\partial \dot{q}_d}) + \frac{\partial U}{\partial q_d} = Q_d(t) \quad \text{avec} \quad Q_d = \Psi^T F \quad \text{(III.11)}$$

L'étude des petites oscillations libres se ramène à la résolution du problème aux valeurs propres condensé :

$$\overline{K}_{dd} X_d = \omega^2 \overline{M}_{dd} X_d \quad \text{(III.12)}$$

Avec :

$\overline{M}_{dd} = \Psi^T M \Psi$: matrice de masse condensée $(n_d \times n_d)$ (III.13)

$\overline{K}_{dd} = \Psi^T K \Psi$: matrice de rigidité condensée $(n_d \times n_d)$ (III.14)

<u>Remarques</u> :

- ➢ Dans la méthode de recalage les degrés de liberté mesurés correspondent aux degrés de liberté dynamiques et les degrés de liberté non mesurés correspondent aux degrés de liberté secondaires.
- ➢ Seul la matrice de rigidité est condensée car elle figure dans l'équation de l'erreur globale modifiée. Dans ce cas K_r correspond à $\overline{K}_{dd}$.
- ➢ Le calcul de la matrice de rigidité condensée K_r passe par le calcul de Ψ_{sd} puis Ψ en utilisant les formules (III.8), (III.7) et (III.14) et en servant du vecteur contenant les degrés de liberté mesurés pour la détermination des partitions K_{dd}, K_{ss}, K_{sd} et K_{ds}.

CHAPITRE III   IMPLEMENTATION INFORMATIQUE DE LA METHODE

III.4.7. Le fichier LOCALISATION :

L'étape la plus importante dans le programme de recalage est l'étape de localisation, qui consiste à calculer les erreurs élémentaires ainsi que l'erreur globale.

Il s'agit dans ce fichier de résoudre le problème linéaire suivant :

$$\begin{cases} \underline{a} = \frac{r}{1-r}\left[N^t N + \frac{r}{1-r}\Pi\Phi^t K_r \Pi\Phi\right]^{-1} \Pi\Phi^t K_r \Pi\underline{U}_k \\ \text{avec} \quad N = \lambda_k \text{ diag}(\frac{1}{\lambda_i}) - \text{Id} \end{cases} \quad (III.15)$$

Ce problème est résolu pour chaque mode expérimental k

Matlab procure à l'utilisateur une facilité sans précédent pour la résolution des problèmes linéaires, car il met à sa disposition une fonction qui s'appelle « INV» permettant de calculer l'inverse d'une matrice à la condition qu'elle ne soit pas singulière.

Grâce à cette fonction, on peut résoudre le problème précédent en quelques lignes et en un temps record.

La solution de ce problème est une matrice de taille m x q qui permettra de calculer les déplacements U et V qui servirons à leur tour pour le calcul des erreurs élémentaires stockées dans un vecteur nommé « E_ elem ».

L'erreur globale est déduite directement par simple opération arithmétique en sommant les erreurs élémentaires.

La représentation graphique des erreurs élémentaires est rendue très facile grâce à la fonction « BAR » qui permet de dresser un histogramme qui servira à la visualisation des erreurs et au choix des éléments les plus erronés décelés dans l'étape de localisation.

CHAPITRE III   IMPLEMENTATION INFORMATIQUE DE LA METHODE

III.4.8. Le fichier CORRECTION :

Dans ce fichier, il est question de corriger le modèle éléments finis en se basant sur l'étape de localisation qui a permis de déceler certains éléments erronés qui feront l'objet de la correction.

Dans un premier temps, les éléments erronés sont définis dans un vecteur appelé « Elem_err » dont les composantes sont les numéros de ces mêmes éléments.

Cette façon de faire permet de réduire la taille du problème car au lieu de corriger toute la structure, il est possible de ne corriger que les éléments les plus erronés.

Il consiste dans ce fichier de trouver les paramètres de conception p minimisant :

$$\begin{cases} E^2\underline{\underline{a}}(p) \to E^2\underline{\underline{a}}(p) = \sum_{k=1}^{q(modes)} -\frac{r}{1-r} \Pi \underline{U}_k^{\,t} K_r \left[\tilde{\Phi} \underline{\underline{a}}_k - \Pi \underline{U}_k \right] \\ \text{avec} \\ \underline{\underline{a}}_k = \frac{r}{1-r} P_k^{-1} \Phi^t K_r \Pi U_k \\ P_k = \left[N_k^{\,t} N_k + \frac{r}{1-r} \Phi^t K_r \Phi \right] \\ N_k = \left[\lambda_k (Id + \Phi^t \Delta K \Phi)^{-1} (diag(\frac{1}{\lambda_i}) + \Phi^t \Delta M \Phi) - Id \right] \end{cases} \quad (III.16)$$

Avec les contraintes sur « p » assurant les propriété de K et M

La résolution de ce problème passe tout d'abord par trouver les matrices erreur ΔK et ΔM qui sont fonction des paramètres de conception :

$$\Delta K = \sum_{i=1}^{l} C_i \, p_i \qquad et \qquad \Delta M = \sum_{i=1}^{l} D_i \, p_i$$

avec :

p_i : scalaire représentant les corrections à apporter aux paramètres de la structure.

C_i et D_i : matrices à coefficients constants déduites des matrices élémentaires.

On remarque que ces matrices d'erreur dépendent des paramètres de conception qui sont les variables à trouver.

En premier lieu, on initialise les corrections à apporter aux paramètres de conception à zéro ce qui signifie que la structure n'est pas erronée, puis le processus itératif est

CHAPITRE III   IMPLEMENTATION INFORMATIQUE DE LA METHODE

déclenché en donnant à chaque itération une valeur au vecteur « p » jusqu'à ce qu'on trouve le minimum de la fonctionnelle $E\underline{a}^2$ (p).

Matlab met à notre disposition une fonction paramétrée qui s'appelle « fminu » permettant de minimiser les fonctions non linéaires à une ou à plusieurs variables en utilisant la méthode B.F.G.S.

Les paramètres de cette fonction sont :

❖ La fonction à minimiser.

❖ La solution initiale.

❖ Le gradient de la fonction à minimiser, si non, Matlab permet de se passer de ce paramètre en évaluant tout seul le gradient, mais cette façon de faire prend plus de temps que si le gradient est défini par l'utilisateur.

Ces trois paramètres sont les plus importants. Toutefois MTALAB dispose de plusieurs paramètres tels que la tolérance ou la précision, le nombre d'itérations et autres que l'utilisateur pourra modifier selon ses besoins.

Remarque :

Pour trouver le minimum de la fonctionnelle $E\underline{a}^2$ (p), on doit passer pour chaque itération par l'évaluation de plusieurs fonctions qui sont dans l'ordre : ΔK et ΔM, N_k, P_k et a_k.

Matlab permet de définir chaque fonction dans un fichier à part et de faire appel à cette fonction chaque fois que c'est nécessaire.

Exemple :

On a : $E\underline{a}^2$ dépend de $\underline{a}_k$

$\underline{a}_k$ dépend de P_k

P_k dépend de $\underline{N}_k$

N_k dépend de ΔK et ΔM qui dépendent à leur tour des corrections à apporter aux paramètres de conception « p ».

CHAPITRE III   IMPLEMENTATION INFORMATIQUE DE LA METHODE

On remarque que la fonction $E\underline{a}^2$ dépend de $\underline{a}_k$ qui n'est pas encore calculée. Dans ce cas Matlab fait appel à « a.m » qui est le fichier contenant la fonction $\underline{\underline{a}}_k$ puis à « P.m », « N.m », « deltaK.m » et « deltaM.m ».

Pour réaliser un tel calcul, il est judicieux d'utiliser le principe de récursivité qui permet de résoudre un problème caractérisé par un empilement de fonctions dépendant l'une de l'autre.

III.4.9. Le fichier MISAJOUR :

Une fois la minimisation de la fonctionnelle $E\underline{a}^2$ terminée et le vecteur « p » des corrections à apporter aux paramètres de conception calculé, la correction du modèle se fait en additionnant les paramètres de conception initiaux aux corrections calculées et stockées dans le vecteur « p » puis en construisant les matrices d'erreur ΔK et ΔM puis les matrices de rigidité et de masse en utilisant les formules suivantes :

$$K_1 = K_0 + \Delta K \qquad M_1 = M_0 + \Delta M$$

Après cette étape, on obtient un nouveau modèle défini par la matrice de rigidité K_1 et la matrice de masse M_1. Ce modèle sera sujet à la répétition du processus localisation–correction jusqu'à ce que l'utilisateur juge que l'erreur a atteint un niveau faible pour arrêter le processus.

CHAPITRE IV

VALIDATION DE LA MÉTHODE

IV.1. Introduction :

Après implémentation informatique de la méthode -et dans le but de la valider- il est nécessaire de présenter un cas test dans lequel des erreurs en masse et rigidité sont introduites au niveau de certains éléments que l'on essaiera de localiser dans un premier temps et de corriger par la suite. Deux modèles éléments finis seront traités dans ce chapitre, le premier est une poutre console à section en I et le deuxième est une poutre console à treillis.

IV.2. Poutre console à section en I :

Le model qui sera traité complètement dans ce chapitre est une poutre console de section en I (IPE100), sa longueur L est égale à 1.50 m avec une masse volumique de 7800 kg/m^3 et un module d'élasticité de 2 x10^8 KN/m².

La poutre sera divisée en 15 éléments, chacun de ces éléments est défini par deux nœuds et chaque nœud est représenté par trois degrés de liberté, une translation longitudinale, une translation transversale et une rotation dans le plan XZ.

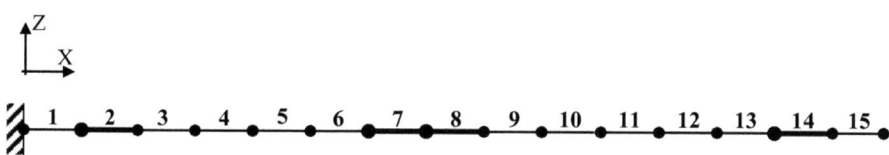

Figure IV. 1: Poutre console divisée en 15 éléments

●——● : Élément non erroné

●——● : Élément erroné

CHAPITRE IV   VALIDATION DE LA MÉTHODE

On tentera dans ce cas test de corriger un modèle qui présente des erreurs de bords (prés de l'encastrement et au niveau de la partie libre de la structure) ainsi que des erreurs au milieu de la structure avec des éléments voisins.

Il est aussi question dans ce chapitre de tester l'influence de certains paramètres tels que le nombre des modes calculés ainsi que la richesse ou le manque des données expérimentales (degrés de liberté et modes mesurés).

On choisira pour la correction deux paramètres de conception indépendants qui sont la section A et l'inertie I.

Les éléments erronés sont :

Élément 2 : $\Delta I_2/I_2 = 0\ \%$ $\Delta A_2/A_2 = +60\ \%$

Élément 7 : $\Delta I_7/I_7 = +70\ \%$ $\Delta A_7/A_7 = +80\ \%$

Élément 8 : $\Delta I_8/I_8 = +50\ \%$ $\Delta A_8/A_8 = +70\ \%$

Élément 14 : $\Delta I_{14}/I_{14} = +30\ \%$ $\Delta A_{14}/A_{14} = +0\ \%$

Le tableau suivant représente les valeurs des sections et des inerties à obtenir pour avoir une correction parfaite.

Élément	La section A (m^2)		L'inertie I (m^4)	
	Modèle initial	Après correction	Modèle initial	Après correction
2	1.032×10^{-3}	1.6512×10^{-3}	1.71×10^{-6}	1.71×10^{-6}
7	1.032×10^{-3}	1.8576×10^{-3}	1.71×10^{-6}	2.907×10^{-6}
8	1.032×10^{-3}	1.7544×10^{-4}	1.71×10^{-6}	2.565×10^{-6}
14	1.032×10^{-3}	1.032×10^{-4}	1.71×10^{-6}	2.223×10^{-6}

Tableau VI.1: Tableau des corrections paramétriques à obtenir

CHAPITRE IV   *VALIDATION DE LA MÉTHODE*

Modes	Valeurs propres du modèle initial (ω^2) (rd/s)	Valeurs propres de la structure réelle (ω^2) (rd/s)
Mode 1	1.0375×10^5	1.0293×10^5
Mode 2	4.0747×10^6	3.7943×10^6
Mode 3	2.8144×10^7	2.8982×10^7
Mode 4	3.1949×10^7	3.1329×10^7
Mode 5	1.2272×10^8	1.1813×10^8

Tableau VI.2: Tableau des corrections fréquentielles à obtenir

1ER CAS :
- Tous les modes calculés sont utilisés (base modale complète à 45 modes)
- Tous les degrés de liberté sont mesurés (45/48)
- 5 modes expérimentaux mesurés.

1ère itération :

A - étape de localisation :

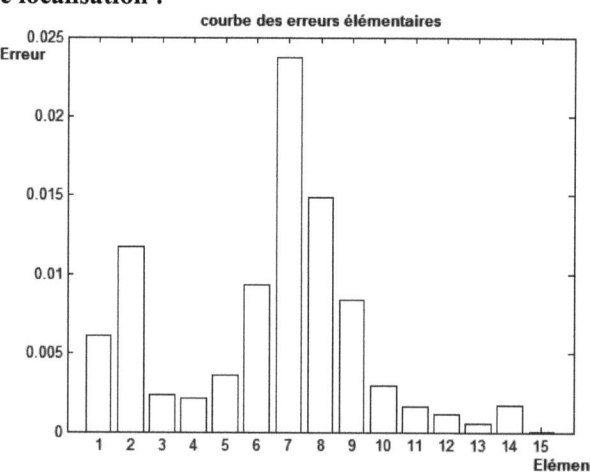

Figure IV. 2: Étape de localisation de la 1ère itération (1er cas)

CHAPITRE IV   VALIDATION DE LA MÉTHODE

L'erreur globale est de 0.0904

B - étape de correction :

Éléments à corriger	Correction apportée à I	Correction apportée à A
2	0.000	6.179×10^{-4}
7	1.200×10^{-6}	8.047×10^{-4}
8	8.000×10^{-7}	6.754×10^{-4}

Tableau IV.3: Tableau des corrections apportées à l'itération 1 (1er cas)

2ème itération :

A - étape de localisation :

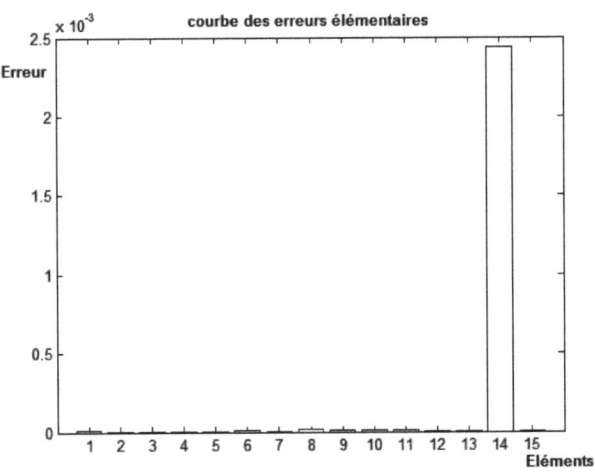

Figure IV.3: Étape de localisation de la 2ème itération (1er cas)

L'erreur globale est de 0.0025

57

CHAPITRE IV *VALIDATION DE LA MÉTHODE*

B - étape de correction :

Éléments à corriger	Correction apportée à I	Correction apportée à A
14	5.100×10^{-7}	0.000

Tableau IV.4: Tableau des corrections apportées à l'itération 2 (1er cas)

3ème itération :

A - étape de localisation :

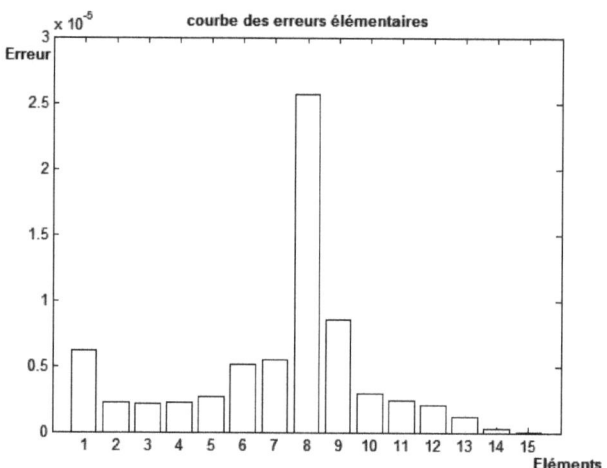

Figure IV.4: Étape de localisation de la 3ème itération (1er cas)

L'erreur globale est de 6.926×10^{-5}

B - étape de correction :

Éléments à corriger	Correction apportée à I	Correction apportée à A
8	2.000×10^{-8}	5.334×10^{-5}

Tableau IV.5: Tableau des corrections apportées à l'itération 3 (1er cas)

CHAPITRE IV *VALIDATION DE LA MÉTHODE*

4ème itération :

A - étape de localisation :

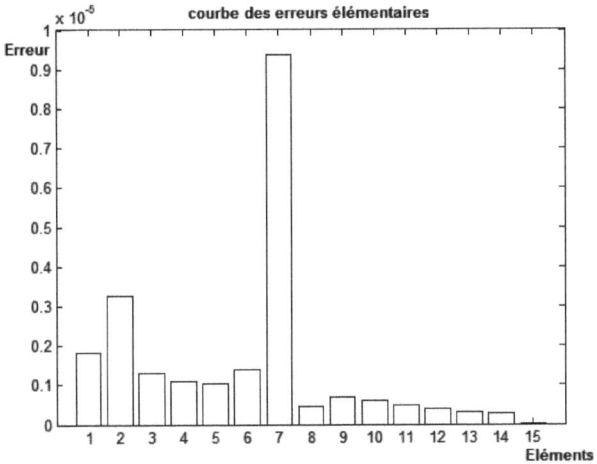

Figure IV.5: Étape de localisation de la 4ème itération (1er cas)

L'erreur globale est de 2.252×10^{-5}

B - étape de correction :

Éléments à corriger	Correction apportée à I	Correction apportée à A
7	1.000×10^{-8}	1.621×10^{-5}

Tableau IV.6: Tableau des corrections apportées à l'itération 4 (1er cas)

CHAPITRE IV   VALIDATION DE LA MÉTHODE

5ème itération :

A - étape de localisation :

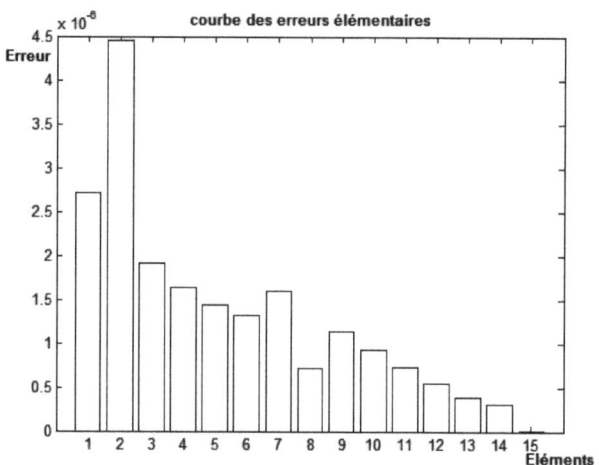

Figure IV.6: Étape de localisation de la 5ème itération (1er cas)

L'erreur globale est de 1.985×10^{-5}

B - étape de correction :

Éléments à corriger	Correction apportée à I	Correction apportée à A
2	4.00×10^{-9}	2.044×10^{-6}

Tableau IV.7: Tableau des corrections apportées à l'itération 5 (1er cas)

CHAPITRE IV — VALIDATION DE LA MÉTHODE

6ème itération :

A - étape de localisation :

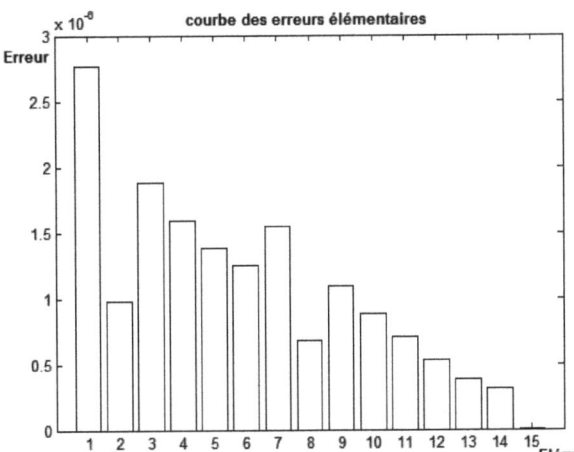

Figure IV.7: Étape de localisation de la 6ème itération (1er cas)

L'erreur globale est de 7.044×10^{-5}

Il est possible d'arrêter le processus de correction à ce niveau car l'erreur globale est devenue très faible.

Les corrections apportées sont les suivantes :

Élément	La section A (m^2)			L'inertie I (m^4)		
	Avant correction	Après correction	(%)	Avant correction	Après correction	(%)
2	1.032×10^{-3}	1.652×10^{-3}	99.87	1.71×10^{-6}	1.7100×10^{-6}	0.00
7	1.032×10^{-3}	1.8529×10^{-3}	99.43	1.71×10^{-6}	2.9064×10^{-6}	99.94
8	1.032×10^{-3}	1.7607×10^{-3}	99.13	1.71×10^{-6}	2.5648×10^{-6}	99.97
14	1.032×10^{-3}	1.032×10^{-3}	0.00	1.71×10^{-6}	2.2213×10^{-6}	99.66

Tableau IV.8: Tableau des corrections paramétriques apportées à la fin du recalage (1er cas)

CHAPITRE IV — VALIDATION DE LA MÉTHODE

A présent comparons les valeurs propres du modèle éléments finis corrigé avec celles de la structure réelle.

Modes	Valeurs propres du modèle corrigé (ω^2) (rd/s)	Valeurs propres de la structure réelle (ω^2) (rd/s)	Pourcentage d'erreurs corrigées (%)
Mode 1	1.0263×10^5	1.0293×10^5	73.21
Mode 2	3.7888×10^6	3.7943×10^6	98.07
Mode 3	2.8928×10^7	2.8982×10^7	93.55
Mode 4	3.1322×10^7	3.1329×10^7	98.88
Mode 5	1.1808×10^8	1.1813×10^8	98.92

Tableau IV.9: Tableau des valeurs propres calculées après correction du modèle (1er cas)

Ce tableau montre clairement que le model corrigé se rapproche de la structure réelle par rapport au modèle initial. Toutefois il est possible d'affiner encore plus la correction en rajoutant quelques itérations supplémentaires.

CHAPITRE IV — VALIDATION DE LA MÉTHODE

2ème CAS :

- 25 modes calculés sont utilisés (base modale tronquée 25/45)
- Tous les degrés de liberté sont mesurés (45/45)
- 5 modes expérimentaux mesurés.

1ère itération :

A - étape de localisation :

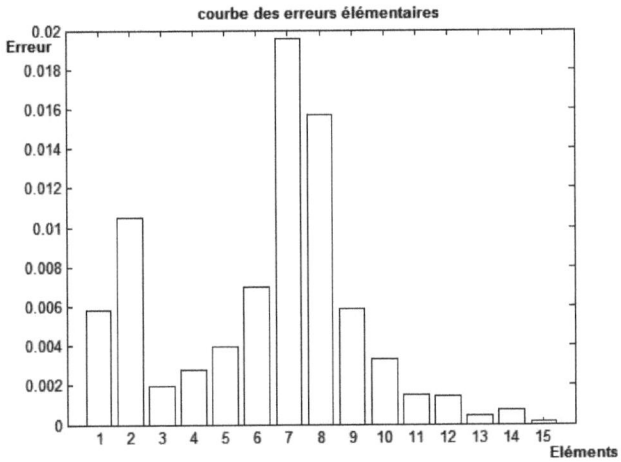

Figure IV.8: Étape de localisation de la 1ère itération (2ème cas)

L'erreur globale est de 0.0927

B - étape de correction :

Éléments à corriger	Correction apportée à I	Correction apportée à A
7	1.000×10^{-6}	6.806×10^{-4}
8	9.000×10^{-7}	7.423×10^{-4}

Tableau IV.10: Tableau des corrections apportées à l'itération 1 (2ème cas)

2ème itération :

A - étape de localisation :

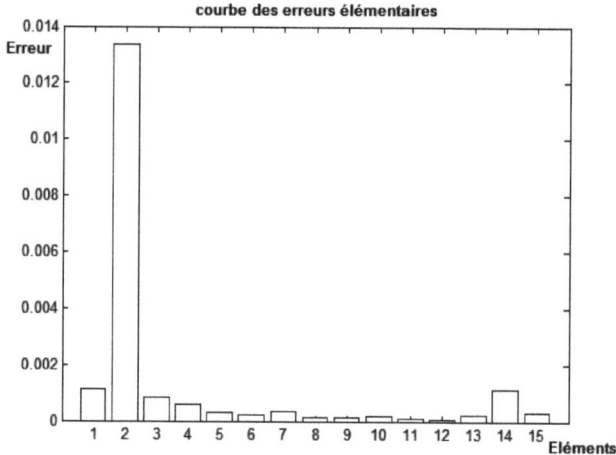

Figure IV.9: Étape de localisation de la 2ème itération (2ème cas)

L'erreur globale est de 0.0013

B - étape de correction :

Éléments à corriger	Correction apportée à I	Correction apportée à A
2	0	5.640×10^{-6}

Tableau IV.11: Tableau des corrections apportées à l'itération 2 (2ème cas)

CHAPITRE IV   VALIDATION DE LA MÉTHODE

3ème itération :

A - étape de localisation :

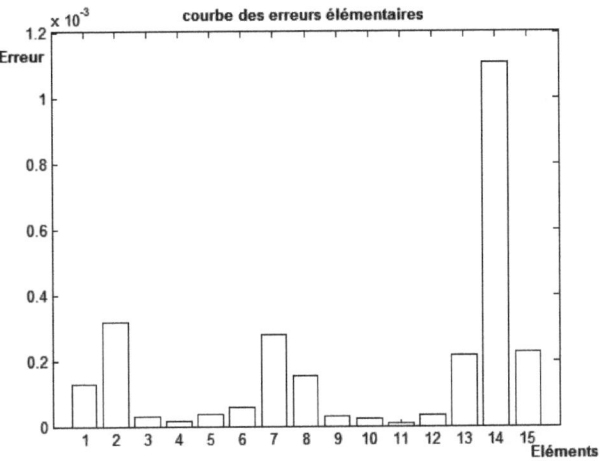

Figure IV.10: Étape de localisation de la 3ème itération (2ème cas)

L'erreur globale est de 4.9784×10^{-4}

B - étape de correction :

Éléments à corriger	Correction apportée à I	Correction apportée à A
14	4.600×10^{-7}	0.000

Tableau IV.12: Tableau des corrections apportées à l'itération 3 (2ème cas)

CHAPITRE IV *VALIDATION DE LA MÉTHODE*

4ème itération :

A - étape de localisation :

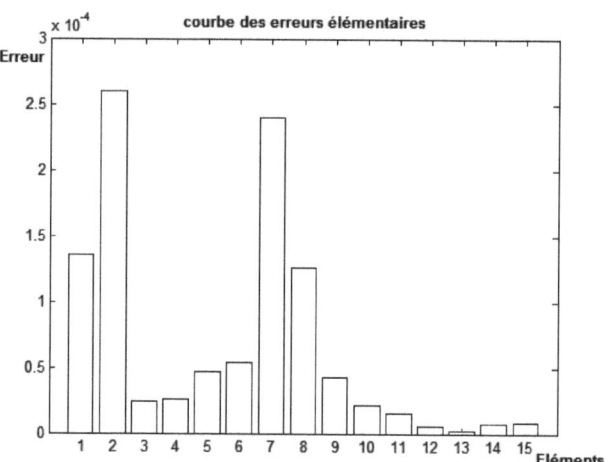

Figure IV.11: Étape de localisation de la 4ème itération (2ème cas)

L'erreur globale est de 4.9784x10^{-4}

B - étape de correction :

Éléments à corriger	Correction apportée à I	Correction apportée à A
2	0.000	4.118x10^{-6}
7	9.900 x10^{-8}	4.112x10^{-6}

Tableau IV.13: Tableau des corrections apportées à l'itération 4 (2ème cas)

CHAPITRE IV — VALIDATION DE LA MÉTHODE

5ème itération :

A - étape de localisation :

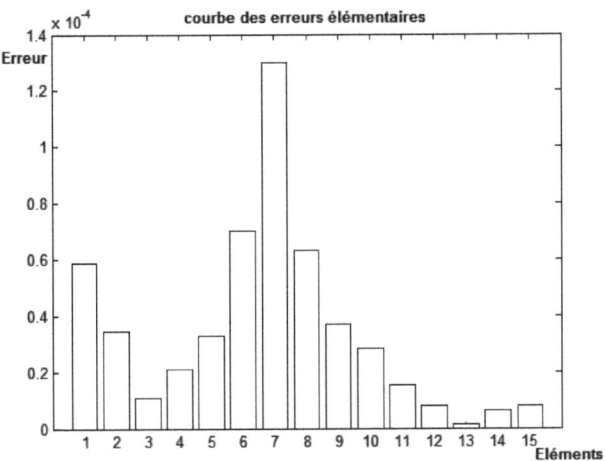

Figure IV.12: Étape de localisation de la 5ème itération (2ème cas)

L'erreur globale est de 4.9784x10^{-4}

B - étape de correction :

Éléments à corriger	Correction apportée à I	Correction apportée à A
7	1.000 x10^{-7}	1.105x10^{-4}

Tableau IV.14: Tableau des corrections apportées à l'itération 5 (2ème cas)

CHAPITRE IV   *VALIDATION DE LA MÉTHODE*

6ème itération :

A - étape de localisation :

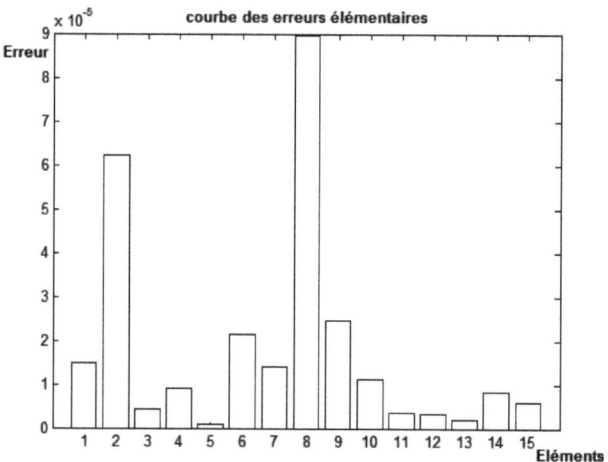

Figure IV.13: Étape de localisation de la 6ème itération (2ème cas)

L'erreur globale est de 4.9784×10^{-4}

B - étape de correction :

Éléments à corriger	Correction apportée à I	Correction apportée à A
8	2.000×10^{-8}	4.438×10^{-5}

Tableau IV.15: Tableau des corrections apportées à l'itération 6 (2ème cas)

CHAPITRE IV   *VALIDATION DE LA MÉTHODE*

7ème itération :

A - étape de localisation :

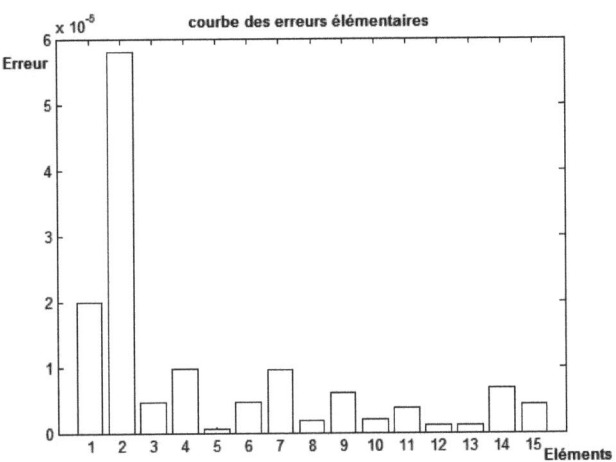

Figure IV.14: Étape de localisation de la 7ème itération (2ème cas)

L'erreur globale est de 4.9784×10^{-4}

B - étape de correction :

Éléments à corriger	Correction apportée à I	Correction apportée à A
2	0.000	4.438×10^{-5}

Tableau IV.16: Tableau des corrections apportées à l'itération 7 (2ème cas)

CHAPITRE IV   *VALIDATION DE LA MÉTHODE*

8ème itération :

A - étape de localisation :

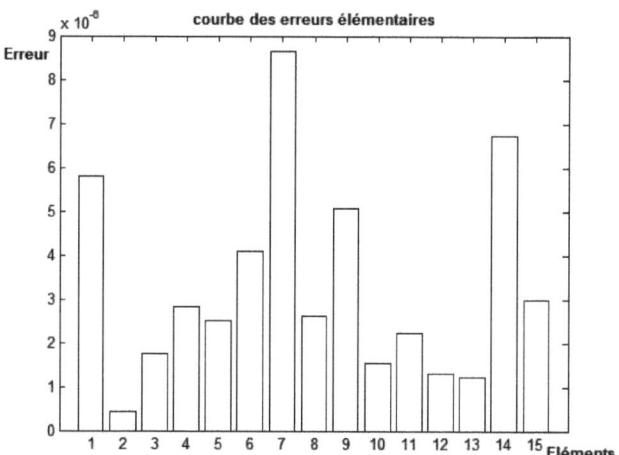

Figure IV.15: Étape de localisation de la 8ème itération (2ème cas)

L'erreur globale est de 4.9784×10^{-4}

B - étape de correction :

Éléments à corriger	Correction apportée à I	Correction apportée à A
7	-1.000×10^{-8}	1.728×10^{-5}

Tableau IV.17: Tableau des corrections apportées à l'itération 8 (2ème cas)

CHAPITRE IV   VALIDATION DE LA MÉTHODE

9ème itération :

A - étape de localisation :

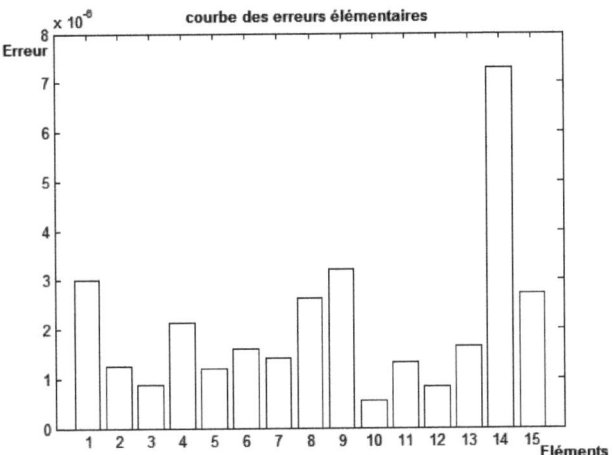

Figure IV.16: Étape de localisation de la 9ème itération (2ème cas)

L'erreur globale est de 4.9784×10^{-4}

B - étape de correction :

Éléments à corriger	Correction apportée à I	Correction apportée à A
14	5.000×10^{-8}	0.000

Tableau IV.18: Tableau des corrections apportées à l'itération 9 (2ème cas)

CHAPITRE IV   *VALIDATION DE LA MÉTHODE*

A ce niveau du processus il s'avère que l'erreur globale a considérablement chuté et que les corrections apportées sont très petites, ce qui permet de donner la possibilité d'arrêter le processus localisation-correction.

Élément	La section A (m^2)			L'inertie I (m^4)		
	Avant correction	Après correction	(%)	Avant correction	Après correction	(%)
2	1.032×10^{-3}	1.646×10^{-3}	99.17	1.71×10^{-6}	1.710×10^{-6}	0.00
7	1.032×10^{-3}	1.844×10^{-3}	98.45	1.71×10^{-6}	2.915×10^{-6}	99.28
8	1.032×10^{-3}	1.774×10^{-3}	97.32	1.71×10^{-6}	2.563×10^{-6}	99.80
14	1.032×10^{-3}	1.032×10^{-3}	0.00	1.71×10^{-6}	2.223×10^{-6}	99.94

Tableau IV.19: Tableau des corrections paramétriques apportées à la fin du recalage (2ème cas)

Modes	Valeurs propres du modèle corrigé (ω^2) (rd/s)	Valeurs propres de la structure réelle (ω^2) (rd/s)	Pourcentage d'erreurs corrigées (%)
Mode 1	1.0287×10^5	1.0293×10^5	93.18
Mode 2	3.7927×10^6	3.7943×10^6	99.43
Mode 3	2.8980×10^7	2.8982×10^7	99.76
Mode 4	3.1343×10^7	3.1329×10^7	97.74
Mode 5	1.1806×10^8	1.1813×10^8	98.49

Tableau IV.20: Tableau des valeurs propres calculées après correction du modèle (2ème cas)

CHAPITRE IV VALIDATION DE LA MÉTHODE

3ème CAS :

- 40 modes calculés sont utilisés (base modale tronquée 40/45)
- Les trois degrés de liberté des nœuds 2, 3, 7, 8, 9, 14, 15 sont mesurés
- 5 modes expérimentaux mesurés.

Remarque :

Ce cas présente des restrictions au niveau des points de mesures, mais pour palier au manque de données expérimentales on choisi d'enrichir la base modale calculée en augmentant le nombre de modes à 40. Il est à noter aussi que les mesures sont prises au niveau des nœuds définissant les éléments erronés que l'on doit pas à priori connaître. Mais dans le but de tester l'influence du positionnement des points de mesure, le choix de ce cas semble judicieux.

1ère itération :

A - étape de localisation :

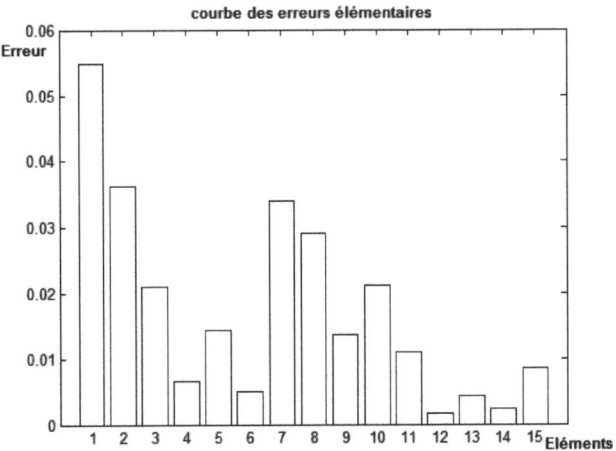

Figure IV.17: Étape de localisation de la 1ère itération (3ème cas)

CHAPITRE IV   *VALIDATION DE LA MÉTHODE*

L'erreur globale est de 0.2634

B - étape de correction :

Elément à corriger	Correction apportée à I	Correction apportée à A
1	0.000	0.000
2	0.000	6.272×10^{-4}
7	1.200×10^{-6}	8.450×10^{-4}
8	9.000×10^{-7}	7.094×10^{-4}

Tableau IV.21: Tableau des corrections apportées à l'itération 1 (3ème cas)

2ème itération :

A - étape de localisation :

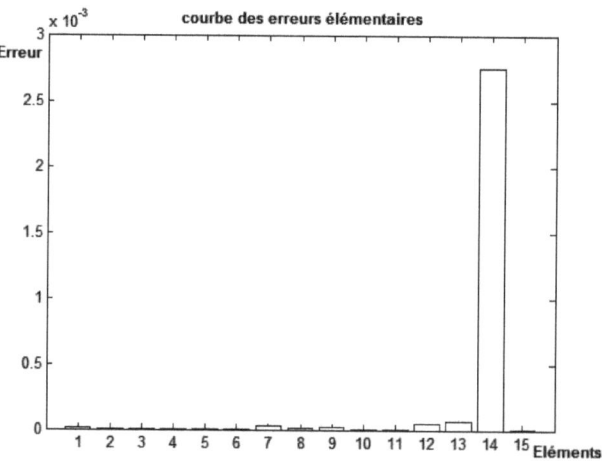

Figure IV.18: Étape de localisation de la 2ème itération (3ème cas)

L'erreur globale est de 0.003

CHAPITRE IV — VALIDATION DE LA MÉTHODE

B - étape de correction :

Elément à corriger	Correction apportée à I	Correction apportée à A
14	7.210×10^{-7}	0.000

Tableau IV.22: Tableaux des corrections apportées à l'itération 2 (3ème cas)

3ème itération :

A - étape de localisation :

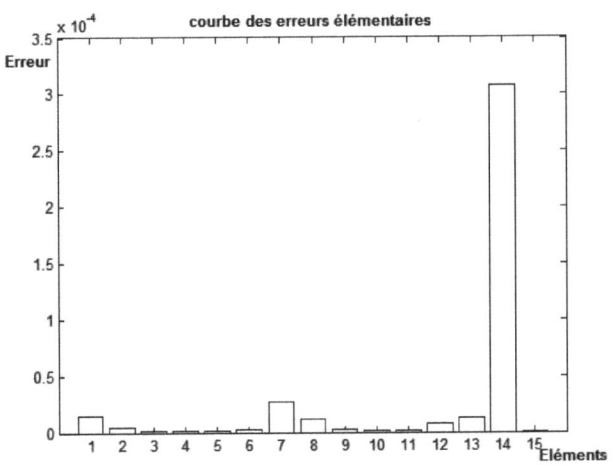

Figure IV.19: Étape de localisation de la 3ème itération (3ème cas)

L'erreur globale est de 3.996×10^{-4}

B - étape de correction :

Elément à corriger	Correction apportée à I	Correction apportée à A
14	2.193×10^{-7}	0.000

Tableau IV.23: Tableau des corrections apportées à l'itération 3 (3ème cas)

CHAPITRE IV   VALIDATION DE LA MÉTHODE

4ème itération :

A - étape de localisation :

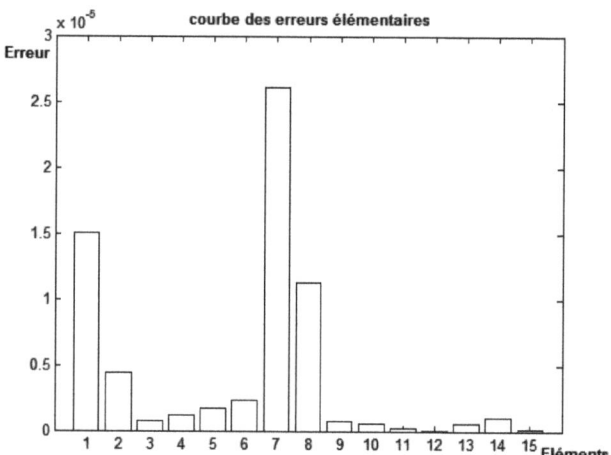

Figure IV.20: Étape de localisation de la 4ème itération (3ème cas)

L'erreur globale est de 6.6237×10^{-4}

B - étape de correction :

Elément à corriger	Correction apportée à I	Correction apportée à A
7	-3.200×10^{-8}	-1.000×10^{-8}

Tableau IV.24: Tableau des corrections apportées à l'itération 4 (3ème cas)

CHAPITRE IV *VALIDATION DE LA MÉTHODE*

5ème itération :

A - étape de localisation :

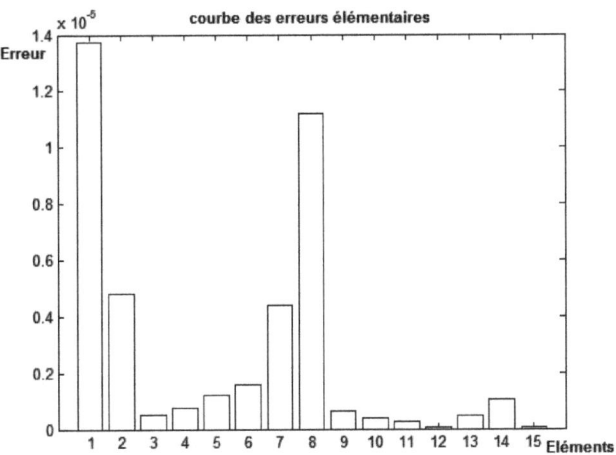

Figure IV.21: Étape de localisation de la 5ème itération (3ème cas)

L'erreur globale est de 4.1026×10^{-5}

B - étape de correction :

Elément à corriger	Correction apportée à I	Correction apportée à A
1	-6.000×10^{-9}	-3.666×10^{-6}

Tableau IV.25: Tableau des corrections apportées à l'itération 5 (3ème cas)

CHAPITRE IV *VALIDATION DE LA MÉTHODE*

6ème itération :

A - étape de localisation :

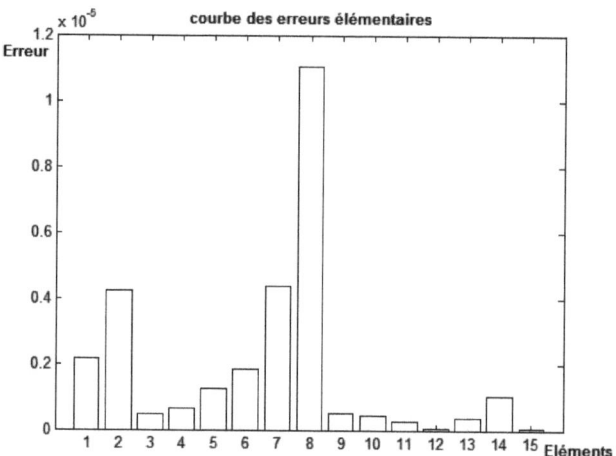

Figure IV.22: Étape de localisation de la 6ème itération (3ème cas)

L'erreur globale est de 9.4427x10^{-5}

B - étape de correction :

Éléments à corriger	Correction apportée à I	Correction apportée à A
8	-1.180x10^{-8}	-1.732x10^{-6}

Tableau IV.26: Tableau des corrections apportées à l'itération 6 (3ème cas)

CHAPITRE IV VALIDATION DE LA MÉTHODE

7ème itération :

A - étape de localisation :

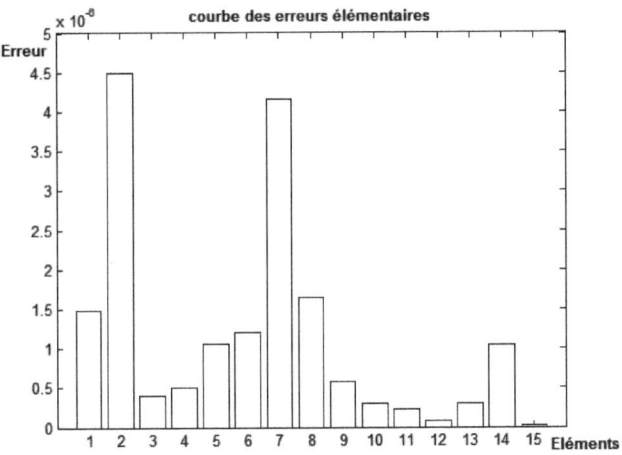

Figure IV.23: Étape de localisation de la 7ème itération (3ème cas)

L'erreur globale est de 1.7541×10^{-5}

Puisque l'erreur globale a nettement diminué et les corrections apportées sont de plus en plus faibles, on peut arrêter le processus à ce niveau. Les résultats du recalage sont les suivants :

Élément	La section A (m^2)			L'inertie I (m^4)		
	Avant correction	Après correction	(%)	Avant correction	Après correction	(%)
2	1.032×10^{-3}	1.659×10^{-3}	98.72	1.71×10^{-6}	1.710×10^{-6}	0.00
7	1.032×10^{-3}	1.877×10^{-3}	97.70	1.71×10^{-6}	2.916×10^{-6}	99.24
8	1.032×10^{-3}	1.7431×10^{-3}	98.43	1.71×10^{-6}	2.565×10^{-6}	100
14	1.032×10^{-3}	1.032×10^{-3}	0.00	1.71×10^{-6}	2.212×10^{-6}	97.85

Tableau IV.27: Tableau des corrections paramétriques apportées à la fin du recalage (3ème cas)

CHAPITRE IV *VALIDATION DE LA MÉTHODE*

Modes	Valeurs propres du modèle corrigé (ω^2) (rd/s)	Valeurs propres de la structure réelle (ω^2) (rd/s)	Pourcentage d'erreurs corrigées (%)
Mode 1	1.0285×10^5	1.0293×10^5	91.11
Mode 2	3.7915×10^6	3.7943×10^6	99.01
Mode 3	2.8977×10^7	2.8982×10^7	99.40
Mode 4	3.1315×10^7	3.1329×10^7	97.79
Mode 5	1.1813×10^8	1.1813×10^8	100

Tableau IV.28: Tableaux des valeurs propres calculées après correction du modèle (3ème cas)

IV.3. Poutre console à treillis

Afin de compléter la validation de la méthode de recalage basée sur l'erreur en relation de comportement il y a lieu de présenter un autres cas test plus compliqué que le précédent du point de vue de la géométrie et du calcul des matrices de rigidité et de masse.

Il s'agit d'une poutre en treillis constituée de trois montants d'une hauteur de 1.2m, deux membrures horizontales inférieure et supérieure de 2.4m de long et deux diagonales. Chaque barre est formée d'une double cornière (90x90x9) dont les propriétés géométriques et physiques sont les suivantes :

➢ La section A= 30.96 cm².
➢ L'inertie Iz = 234 cm4.
➢ La masse volumique = 7800 kg/m3.
➢ Module d'élasticité du matériau E = 2×10^8 KN/m².

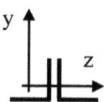

CHAPITRE IV   VALIDATION DE LA MÉTHODE

Les barres de cette poutre sont divisées en trois éléments, chaque élément est défini par deux nœuds représentés par trois degrés de liberté : une translation longitudinale, une translation transversale et une rotation autour de l'axe Z.

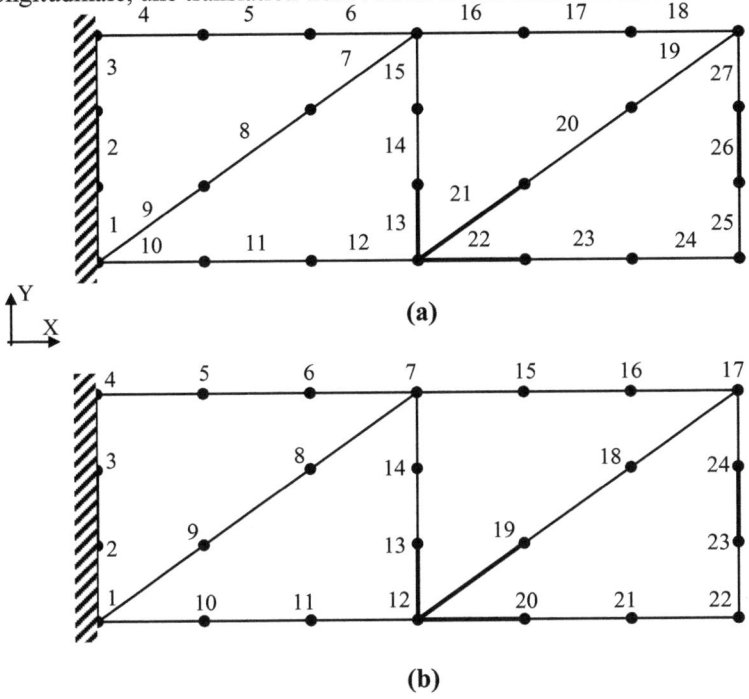

Figure IV.24 : Poutres en treillis divisée en 27 éléments

(a)   : numérotation des éléments.

(b)   : numérotation des nœuds.

Les éléments erronés sont :

Élément 2 :	$\Delta I_2/I_2 = +70\ \%$	$\Delta A_2/A_2 = +80\ \%$
Élément 13 :	$\Delta I_{13}/I_{13} = 0\%$	$\Delta A_{13}/A_{13} = +50\ \%$
Élément 21 :	$\Delta I_{21}/I_{21} = +50\ \%$	$\Delta A_{21}/A_{21} = 0\ \%$
Élément 22 :	$\Delta I_{22}/I_{22} = 0\ \%$	$\Delta A_{22}/A_{22} = +70\ \%$
Élément 26 :	$\Delta I_{26}/I_{26} = +70\ \%$	$\Delta A_{26}/A_{26} = +80\ \%$

CHAPITRE IV   VALIDATION DE LA MÉTHODE

On se contentera pour ce cas d'étudier l'influence des données expérimentales ainsi que les données calculées sur l'étape de localisation.

1ER CAS :
- Tous les modes calculés sont utilisés (base modale complète à 60 modes)
- Tous les degrés de liberté sont mesurés (60/60).
- Tous les modes expérimentaux sont mesurés (60/60).

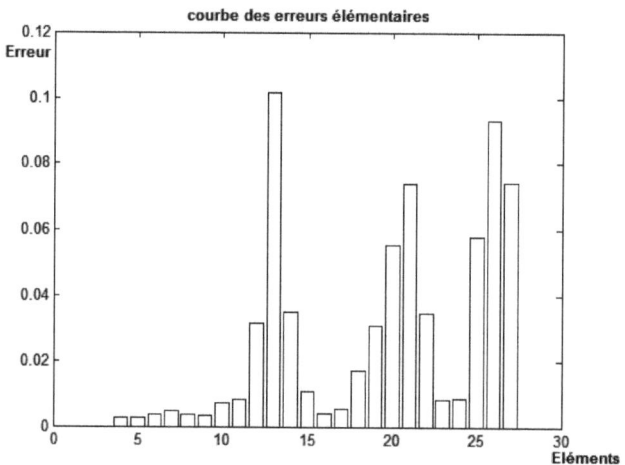

Figure IV.25: Étape de localisation du 1er cas

L'erreur globale est de 0.6776

2ème CAS :
- Tous les modes calculés sont utilisés (base modale complète à 60 modes)
- Tous les degrés de liberté sont mesurés (60/60)
- 15 modes expérimentaux sont mesurés.

CHAPITRE IV   VALIDATION DE LA MÉTHODE

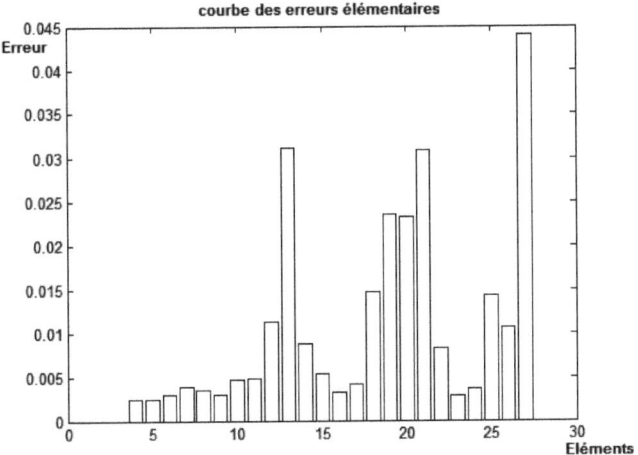

Figure IV.26: Étape de localisation du 2ème cas

L'erreur globale est de 0.2672

3ème CAS :

- ➢ 15 modes calculés sont utilisés (base modale tronquée à 15/60)
- ➢ Tous les degrés de liberté sont mesurés (60/60)
- ➢ 15 modes expérimentaux sont mesurés.

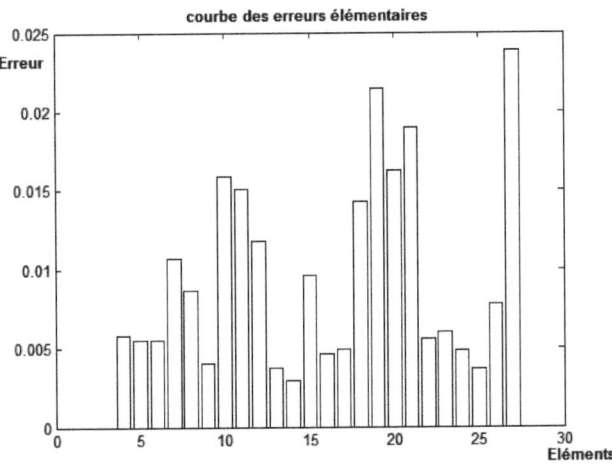

Figure IV.27: Étape de localisation du 3ème cas

L'erreur globale est de 0.2318

CHAPITRE IV — VALIDATION DE LA MÉTHODE

4ème CAS :

- 15 modes calculés sont utilisés (base modale tronquée à 15/60)
- les degrés de liberté mesurés sont ceux des nœuds définissant les éléments erronés
- 15 modes expérimentaux sont mesurés.

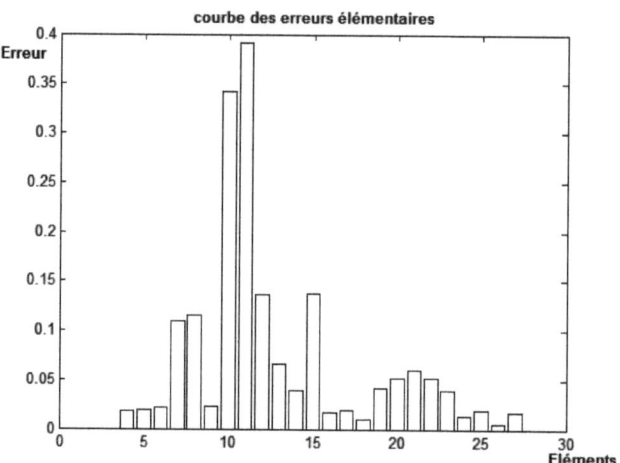

Figure IV.28 : Étape de localisation du 4ème cas

L'erreur globale est de 1.764

5ème CAS :

- 40 modes calculés sont utilisés (base modale tronquée à 40/60)
- les degrés de liberté mesurés sont ceux des nœuds définissant les éléments erronés
- 15 modes expérimentaux sont mesurés.

CHAPITRE IV   VALIDATION DE LA MÉTHODE

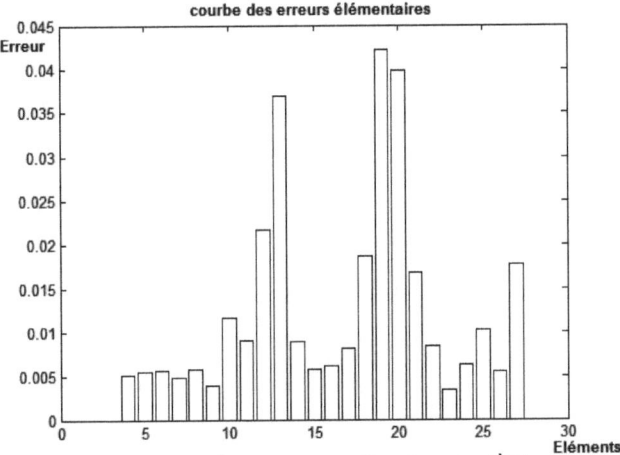

Figure IV.29: Étape de localisation du 5ème cas

L'erreur globale est de 0.3072

VI.4. Interprétations et Commentaires :

Pour l'exemple de la poutre console il était question de tester 3 cas dont lesquels sont variées les données calculées et les données expérimentales afin de constater l'influence de ces paramètres sur le recalage du modèle éléments finis.

Concernant le 1er cas on a eu besoin d'un nombre important d'itérations afin d'obtenir une bonne correction du modèle malgré l'investissement important en données mesurées et calculées. Néanmoins, la localisation des éléments erronés s'est faite dès la première itération. Ce cas là est révélateur d'une possible économie en données expérimentales ou calculées.

Dans le 2ème cas il est question de tronquer la base modale calculée aux 25 premiers modes dans le but de tester l'influence des données calculées sur le processus de recalage. Malgré cette économie dans le calcul on est parvenu à corriger le modèle presque avec la même rigueur que dans le 1er cas où la base modale calculée était complète tout en gardant un nombre d'itérations presque comparable à celui du 1er cas, ce qui permet de dire que l'économie de calcul est justifiée.

De l'étude de ce cas on peut déduire qu'il n'est pas nécessaire d'utiliser toute la base modale calculée pour pouvoir recaler un modèle.

Un autre avantage que l'on peut dégager après l'étude de ce cas est le gain en temps calcul ainsi qu'en taille mémoire utilisée pour la résolution des problèmes du fait que la matrice modale est réduite aux 25 premiers modes.

Pour le 3ème cas, il s'agit de diminuer le nombre de déplacements mesurés tout en augmentant les données calculées (nombre de modes calculés élevé à 40 modes).

Les déplacements mesurés sont judicieusement choisis car ils correspondent aux degrés de liberté des nœuds définissant les éléments erronés que l'on ne doit pas connaître au départ.

Cette façon de faire permet de montrer l'influence du choix du placement des capteurs sur la localisation en premier lieu puis sur la correction.

Le rajout de 15 modes supplémentaires est un investissement en données calculées qui a pour but de combler le manque de données mesurées.

Dans ce cas on aboutit à un niveau de correction acceptable au bout de sept itérations tout en corrigeant un élément supplémentaire qui n'est pas erroné au départ (élément 1).

Encore une fois, ce cas là est l'illustration que l'enrichissement des données expérimentales par des données calculées s'avère efficace pour le recalage des modèles éléments finis tout en économisant en temps calcul et en coût mémoire.

Pour l'exemple de la poutre en treillis, la procédure est la même que pour la poutre console à l'exception que seule l'étape de localisation est traitée.

Dans le premier cas il s'agit d'une expérience complètement riche en données expérimentales et calculées. La localisation des éléments erronés est réussit à l'exception de l'élément 2 qui se trouve au niveau de l'encastrement.

Pour le 2ème cas seul les 15 premiers modes sont mesurés tandis que les données calculées sont complètes.

Les éléments 22 et 26 ne sont pas reconnus comme erronés ce qui peut être expliqué par le manque des résultats expérimentaux ainsi que l'effet du voisinage observé entre les éléments 13, 21 et 22.

Le 3ème cas présente des restrictions au niveau des données expérimentales et calculées ce qui donne une localisation de plusieurs éléments erronés alors qu'il ne les sont pas. Donc imprécision à l'étape de localisation. Cet exemple est l'illustration parfaite que pour certaines structures il est nécessaire d'avoir un minimum de données mesurées et calculées pour pouvoir localiser rapidement et précisément les éléments erronés. Cependant l'étape de correction peut écarter ces faux éléments erronés.

Le 4ème et le 5ème cas sont la confirmation de l'imprécision occasionnée par le manque considérable des données calculées et mesurées.

Toutefois, il nécessaire de dire que même si la première localisation ne soit pas réussit, il est possible qu'elle le soit après plusieurs étapes de correction. De ce fait, la première étape de localisation n'entrave pas forcément le processus de recalage mais le rend plus lent et plus coûteux en nombre d'itérations.

CONCLUSIONS ET PERSPECTIVES

Il a été question dans ce travail de mettre en évidence la méthode de recalage de modèles éléments finis basée sur l'erreur en relation de comportement tout en introduisant des erreurs couplées en masse et rigidité et en se basant sur des résultats d'essais vibratoires.

Le programme de calcul établi dans l'environnement Matlab a permis d'illustrer l'importance de l'étape de localisation des zones erronées du modèle de calcul, car cette étape constitue un indicateur permettant de cibler la correction de la structure et de réduire – par conséquent – la taille du problème de correction.

Une fois les zones mal modélisées sont localisées, la correction paramétrique est rendue facile grâce aux outils de Matlab qui procurent à l'utilisateur des fonctions capables de solutionner le problème de correction avec aisance.

Les cas test, ont permis de montrer qu'il était possible de corriger un modèle, même en se servant de résultats vibratoires incomplets, et que le couplage de l'erreur « masse – rigidité » peut désormais être résolu.

Néanmoins, le domaine de recalage reste ouvert à d'autres initiatives permettant de mieux corriger les modèles éléments finis et ce dans la perspective de prédire le comportement réel des structures étudiées.

En effet, il est possible de procéder à la localisation des erreurs en se basant sur des résultats d'essais statiques et à la correction en utilisant des résultats d'essais vibratoires ou bien corriger la matrice de rigidité en statique et la matrice de masse en dynamique.

Une autre perspective est ouverte au domaine de recalage qui consiste à corriger un modèle défini par la matrice de rigidité, la matrice de masse ainsi que la matrice amortissement.

Bien que ce travail s'est intéressé au problème de recalage des poutres, il reste néanmoins possible de l'étendre à d'autre structures telles que les plaques, les coques et autres structures plus complexes que l'on peut rencontrer dan la pratique.

RÉFÉRENCES

[1] **Dr. NEDJAR DJAMEL** « Correction paramétrique de modélisations par éléments finis à partir de résultats d'essais vibratoires », thèse de doctorat de l'université de Paris VI, spécialité « Mécanique des solides et des structures – CAO et structures – » soutenue le 25 Février 1992.

[2] **Dr. NEDJAR DJAMEL,** Rapport final du contrat C.N.E.S (Centre National des Études Spatiales) « réalisation d'un prototype de logiciel de recalage de modèles éléments finis basée sur la méthode développée au L.M.T CACHAN », Laboratoire de Mécanique et technologie (E.N.S CACHAN/ C.N.R.S / UNIVERSITE PARIS VI) Février 1993.

[3] **J. – F. IMBERT** « Analyse des structures par éléments finis », 3ème Edition, École Nationale Supérieure de l'Aéronautique et de l'Espace, CEPADUES–EDITION, Février 1995.

[4] **JEAN CHARLES CRAVEUR** « Modélisation des structures, Calcul par éléments finis avec problèmes corrigés », 2ème Edition, MASSON, PARIS, 1997.

[5] **AMAR KHENNANE** « Méthodes des éléments finis, Enoncé des principes de base », Office Des Publications Universitaires, Novembre 1997.

[6] **MEGNOUNIF ABDELLATIF & DJAFOUR MUSTAPHA** « élasticité générale », Office Des Publications Universitaires, Septembre 1994.

[7] A. GOURDAIN & M. BOUMAHRAT « Méthodes numériques appliquées avec nombreux problèmes résolus en fortran 77 », Office Des Publications Universitaires, Octobre 1991.

[8] MOHAND MOKHTARI & ABDELHALIM MESBAH « Apprendre à maîtriser MATLAB », Springer – Verlag Berlin Heidelberg 1997.

[9] R. M. LIN, M. K. LIM & H. DU « Improved Inverse Eigensensitivity Method for Structural Analytical Model Updating » Journal of Vibration and Acoustics Vol. 117, April 1995.

[10] TAE W. LIM « Analytical Model improvement Using Measured Modes and Submatrices » The American Institute of Aeronautics and Astronautics, Inc, 1990, AIAA Journal Vol. 29 No. 6, June 1991.

[11] KEITH K. DENOYER & LEE D. PETERSON « Model Update Using Modal Contribution to Static Flexibility Error » AIAA Journal Vol. 35 No. 11, November 1997.

[12] MARK J. SCHULZ and SUNIL K. THYAGARAJAN and JOSEPH C. SLATER « Inverse Dynamic Design Technique for Model Correction and Optimization » AIAA Journal Vol. 33 No. 8, August 1995.

[13] LADEVEZE.P, LEGUILLON « Error estimate procedure in the finite element method and applications », SIAM JOURNAL OF NUMERICAL ANALYSIS, Vol. 20 N°3, PP 485-509, 1983.

[14] **LADEVEZE.P, NEDJAR.D, RETNIER.M** « Updating of finite element models using vibration tests » AIAA JOURNAL (American institute of Aeronautics and Astronautics), ISSN 0001-1452,Vol. 32 N° 7, Juillet 1994, pp1485-1491.

[15] **KEITH K. DENOYER & LEE D. PETERSON** « Method for Structural Model Update Using Dynamically Measured static flexibility Matrices » AIAA Journal Vol. 2 No. 2, April 1996.

[16] **CHARBEL FARHAT & FRANCOIS M. HEMEZ** « Updating Finite Element Dynamic Model Using an Element-by-Element Sensitivity Methodology » AIAA Journal, March 1993.

[17] **K.F. ALVIN, L.D PETERSEN & K.C PARK** « Method for Determining Minimum-Order Mass and Matrices from Modal Test Data » AIAA Journal, August 1994.

[18] **S.Y CHEN & U.G TSUEI** « Method for Structural Model Update Using Dynamically Measured static flexibility Matrices » AIAA Journal, January 1995.

[19] **MASOUD SANAYEI & OLADIPO ONIPEDE** « Damage Assessment of Structures Using Static Test Data » AIAA Journal, February 1991.

[20] **LUIS E. SUAREZ & MAHEANDRA P. SINGH** « Dynamic Condensation Method for Structural Eigenvalue Analysis » AIAA Journal, May 1991.

[21] **TEA W. LIM & THOMAS A.L. KASHANGAKI** « Structural Damage Detection of Space Truss Structures Using Best Achievable Eigenvectors » AIAA Journal, October 1993.

[22] **ACHILLE MESSAC & KAMAL MALEK** « Control-Structure Integrated Design » AIAA Journal, March 1993.

[23] **K.F. ALVIN, L.D PETERSEN & K.C PARK** « Minimal-Order Experimental Component Synthesis: New Results and Challenges » AIAA Journal, November 1991.

[24] **FRANCOIS M. HEMEZ & CHARBEL FARHAT** « Bypassing Numerical Difficulties Associated With Updating Simultaneously Mass and Stiffness Matrices » AIAA Journal, November 1994.

[25] **KEITH K. DENOYER & LEE D. PETERSON** « Method for Structural Model Update Using Dynamically Measured static flexibility Matrices » AIAA JOURNAL Vol. 2 No. 2, April 1996.

[26] **[CAW 86] CAWLEY, P., RIGNIER, L.G** « Rapid Measurement of Modal properties Using FFT Analysis with Random Excitation», Journal of Vibration and Acoustics, Vol.108 pp.394, Oct 1986.

[27] **[DEC 70] DECK, A.,** « Méthode Automatique d'Appropriation des Forces d'Excitation dans l'Essai d'une Structure d'Avion » Proceedings EUROMECH Dynamics of Mechanics, 1970.

[28] **[FIL 80a] FILLOD, A.,** « Contribution à l'Identification des Structures Mécaniques Linéaires » Thèse de doctorat Es Sciences Physiques, Besançon, France, 1980.

[29] **[FIL 80b] FILLOD, R.,** « Identification of Linear Structures from Measured Harmonic Response », CISM, New York, Edited by H.G. Natke, 1980.

[30] [FIL 85] FILLOD, R., LALLEMENT, G., PIRANDA, J., RAYNAUD, J.L., « Global Modal Identification Method », Proceedings 3-IMAC, Orlando, 1985.

[31] [JAI 79] JAIN, Y., DOBECK G.J, « System Identification Techniques: a Tutorial Review » Winter Annual Meeting New York, ASME paper N° 79-WA/DSC-20, 1-2, Dec.2-7 1979.

[32] [LAL 88] LALLEMENT, G., FILLOD, R., PIRANDA, J., « Parametric Identification of Conservative Self-Adjoint Structures » Proceedings International Conference on Spacecraft Structures Testing, ESA-SP-289, Nordwijk, The Netherlands, 1988.

[33] [ALL 84] ALLEMANG, R.J., « Experimental Modal Analysis Bibliography » Proceedings of 2nd IMAC, Orlando, USA, 1984

[34] [BER 79] BERMAN, A., « Mass Matrix Correction Using an incomplete set of measured Modes » AIAA Journal Vol.17 N° 7, pp.1147-1148, 1979.

[35] [BER 80] BERMAN, A., WEI, F.S., RAO, K.V., « Improvement of Analytical Dynamic Models Using Modal Test Data » AIAA paper, 80-0800, 1980

[36] [BAR 78] BARUCH, M., « Optimisation Procedure to Correct Stiffness and Flexibility Matrices Using Vibration tests » AIAA Journal, Vol.16, N° 11, pp.1208-1210, 1978.

[37] [BAR 78] BARUCH, M., « Correction of Stiffness Matrix Using Vibration Tests » AIAA Paper, 82-4070, Vol.20, N° 3, pp.441-442, 1981.

[38] [BAR 78] BARUCH, M., « Proportional Optimal Orthogonalisation of Measured Modes », AIAA Paper, 82-4070, Vol.18, N° 7, pp.859-886, 1980.

[39] [BER 84] BERGER, H., CHAQUIN, J.P., OHAYON, R., « Finite element Model Adjustment Using Experimental Data », Proceeding IMAC-2, Orlando, Florida, 1984.

[40] [BER 87] BERGER, H., BARTHE, L., OHAYON, R., « Recalage d'un modèle par éléments finis à partir de Données Expérimentales du type Vibratoire. Concept de Localisation », R.T. Dret N° 7/3313 RY070 R., Mai 1987.

[41] [BER 89] BERGER, H., BARTHE, L., OHAYON, R., « Parametric Updating of Finite Element Model from Experimental Modal Characteristics », Proceedings European Form on Aeroelasticity and Structural Dynamics, Aachan, Apr.1989

Oui, je veux morebooks!

I want morebooks!

Buy your books fast and straightforward online - at one of the world's fastest growing online book stores! Environmentally sound due to Print-on-Demand technologies.

Buy your books online at
www.get-morebooks.com

Achetez vos livres en ligne, vite et bien, sur l'une des librairies en ligne les plus performantes au monde!
En protégeant nos ressources et notre environnement grâce à l'impression à la demande.

La librairie en ligne pour acheter plus vite
www.morebooks.fr

OmniScriptum Marketing DEU GmbH
Heinrich-Böcking-Str. 6-8
D - 66121 Saarbrücken

Telefax: +49 681 93 81 567-9

info@omniscriptum.de
www.omniscriptum.de

Printed by Books on Demand GmbH, Norderstedt / Germany